沖縄最大の戦後処理

旧軍飛行場用地問題

運動の軌跡

上田宗政

旧軍飛行場用地問題
運動の軌跡

はしがき

沖縄を生きることは窮屈である。何が窮屈か。全てにおいてである。なぜ窮屈と感じるのか。それは比較対象があるからだ。何処と比較するのか。それは一時本土と称された他府県との比較においてである。それでは本土とは何か。本国・本地と広辞苑にある。これではよく分からない。「行政・経済などの上で中心となっている国土。本国」と書くのは新潮社の現代国語辞典である。少しはましだ。何れにしても祖国復帰の意味は分かるとしても、本土復帰は言語として成立し難い。沖縄において日常的に使われてきた「本土」は、今では死語のはずが、時折マスコミやその他の書物で散見すると、違和感を禁じ得ない。

本土の用語を廃して他府県とすると、それ等46都道府県と比較して沖縄の異色性が際立つ。異色性とは何か。政治・経済社会・教育文化の広範囲な範疇における、他府県との比較対称における異色性のことである。

政治とは先ず日米安保条約のことである。即、米軍基地と直結する問題が想起される。基地の偏在が過重負担を強いることで異色性が際立つ。

経済社会とは先ず経済である。復帰と共に沖縄振興開発計画がスタートした。しかし一定の成果を得たように見えるが不十分である。実績が出来たから三次振計策定時に開発は終わり、振興諸策を講じ

る四次振計が始まると政府は説く。振計とは因みに振興計画の略である。だが傍目にも経済は自立の域に達していない。

社会とは社会構造のことだ。凄まじいまでの貧困の風が吹き荒れている。経済学的な意味における最下層の民がくすぶり続ける。失業率は絶えず全国第1位に位置している。失業者の受け皿がない。就職の場がないのである。

教育文化とは先ず教育である。戦後70有余年、そして復帰後40有余年を経過しても、沖縄の教育水準は戦前並みの低位にある。その責任は先ず沖縄県に生まれ、教員をしている者たちに、一義的には責任がある。しかしそれだけであろうか。人材養成の緊迫感がないのは、社会経済との相互作用への認識が希薄であるからだ。教員と公務員が沖縄における最高の職種であることは、戦前からの価値観として今に至るまで厳然と存在する。

また言語生活も教育に直結する。標準語励行を迫られた戦前と、敗戦直後の日本復帰を前提とした標準語励行が、今では方言奨励の言語学的変節を奇貨とする言語社会を招来している。教育の衰退ここに極まれりの感は拭えない。

文化に関しては実に見事なまでの異色性を発揮する。歌舞音曲の世界と陶器や織物の世界では、毎年人間国宝を輩出する。典型的な異色性の見本がここにある。文化に関する異色性は、偏に琉球王国時代から続く伝統の継承のなさしめる結果なのである。芸術文化の他

府県との相違は、頑ななまでの琉球王国への郷愁が根底にあることが、政府関係者や審査員にどれほど正確に理解されているのか疑問である。

ことほどさように沖縄の異色性は時には異質性を孕んで予断を許さない。ここに沖縄の他府県との差異または歪みを感じるのである。

話題を変える。米軍統治下では祖国復帰とは明確で鮮明な意味を持った。独立国日本が北方に存在し、その政治圏に帰属することであるからだ。奄美群島を除く南西諸島は琉球列島とも称される。この琉球列島は敗戦後の統治が、最初から他府県とは違う方法で行われた。ここに沖縄の特異性があると識者は解く。しかしこれは換言すると異色性と差別の温床でもあったのである。

次の物語はアイロニーである。アイロニーは真実を穿って止まない。戦争は先ず理性を廃して展開する。だから非情の言葉が成立する。ある意味で非情の開戦を先に行った日本帝国に報復した米国が、今では悪の象徴になっている。歴史の悪戯か皮肉であろう。先に喧嘩を売った小悪党が巨漢の返り討ちにあったが、この小悪党の所業が何時しか問題の片隅に追いやられ、巨漢の所業のみがクローズアップされる。巨漢にも当然に罪科はある。奢りの驕慢がある。そこに基地と併存する罪科が発生するのは予想乃至は予見ができる。これを沖縄では基地を諸悪の根源と断罪する。それほど短絡した発想で良いものであろうか。隷属した小悪党の沖縄施策はこの巨漢の所業を助長する方角に邁進する。物議を醸しながらも、沖縄県名護市辺

野古に営々として築く飛行場を見ても、この小悪党の巨漢への涙ぐましい忠誠を見る。戦争犯罪の反省が真摯に行われていない証左である。

本旨に入る。
欧米列強が武力を背景とした19世紀の帝国思想を、明治維新以来、忠実な国是として模倣してきた旧日本帝国は、欧米の圧力に抗して昭和初期に本格的な侵略戦争に踏み切る。15年戦争の始まりである。

本論は戦争史が目的ではない。沖縄の状況に限って論を進める。大陸や東南アジアに展開する日本軍の敗色が濃厚になりだした戦争の末期に、旧日本の政府(以後―大本営)は、戦争遂行戦略をより具体化または有利に展開する方策として、島嶼拠点作戦計画を立案した。捷号作戦である。北は千島・アリューシャン列島から南の台湾までの、数千キロに及ぶ壮大な地域を、飛行機を主体とする連合軍への反撃体制の基地整備を急いだのである。因みに沖縄は九州・奄美から台湾までを網羅する捷二号作戦に組み入れられた。

昭和18年から19年にかけ、鹿児島を皮切りに台湾までを結ぶ海の道に、飛行場を建設した。奄美群島と沖縄群島に総計30近くの飛行場を建設して、連合軍の攻撃に対処する作戦を立案した。急遽県民が動員され日夜を徹した工事が敢行されて出来上がったのが陸海軍の飛行場である。しかし大本営は数々の戦略や戦術上の失敗を繰り返し、敗戦の当日まで有効に機能した飛行場は一つも無かった。

それどころか完成した飛行場を破壊して、米軍の使用を阻止する作戦に出た。だが一度完成した飛行場は、米軍の修復機動力の前では無力であった。短期間で再生した飛行場の効力は凄まじく、他府県攻撃の最大限の基地となった。修復された幾つかの飛行場が今日まで、米国空軍の重要な空軍基地として機能している。この飛行場の返還運動の根底にある概念が「旧軍飛行場用地問題」である。運動の端緒である。

飛行場建設に当たり大本営は正当な手続きに基づき建設用地を収用したとした。以後日本国政府はその立場を堅持して今日に至っている。この主張に対し収容されたまま返還されない地域の地主が異論を唱えた。返還せよ。いや正当な手続きで国有地になったと歴代政府は譲らない。ここに旧地主による組織的返還運動が始まる。それは沖縄の世論を喚起し、政党そして国会議員を始め、各市町村議会を動かした戦後最大の戦後処理問題としてクローズアップされる。運動は幾つかの地主会を核として沖縄県レベルの組織体を創り上げた。本論はその運動の顛末記である。

運動を介して我々は辛辣で苦い経験を味わい、冷厳な歴史をも垣間見た。運動は草の根的な根強い芯を持たなければ成功せず、どんな中傷批判にも耐える力と、理論と、継続性を保持出来なければ挫折する。何故運動に挺身するのか。それは先祖の土地を回復することが、沖縄に生きる責任であるからだ。土地は神が授けた有体物であり至高善である。このテーゼなしに土地問題を論ずることは出来ない。個人所有の土地は大きく収斂されて、やがて領土となり国土と

なる。だが土地の最小単位は個人の所有地である。あるイデオロギー国家は土地を個人から取り上げた。それで失敗して国の形態を変えた。今成功しつつあるかに見えるイデオロギー国家も根底を揺さぶられている。土地が個々人の欲求の原点であり、働く希望の根幹であり、国家形成の安定基盤であることを否定すると、それは存亡の危機を意味する。

そしてこの土地こそが人類の抗争の原点にあった。歴史概念を発明したユダヤ人の四千年にも及ぶ抗争の原点には土地問題がある。パレスチナの土地抗争と、米国の白人による原住インディアンの土地の収奪と、その他の世界の土地を巡る抗争を一瞥することで、本論は土地問題をよりよく理解する一助として、概略ながら世界史を俯瞰せざるを得なかった。それは土地が個人に取り最高善であることを確認するためである。

最期に付言する。運動を理解できない公共団体が存在することは有害である。陰に陽に彼らは協力ではなく、時には、運動の前に立ちはだかった。憲法は地方自治の自立性を強調する。しかし実態は地方の中央に対する自主的服従が目立つ。政府の意向を忖度してシンクタンクを誘導する。シンクタンクは意向を受け入れ、運動する側の対極に立って論を展開する。結果は言わずもがなの方向で決着を見る。行政の意向と運動家の期待が真逆になっていく結果を見ることは痛恨の悲しみであった。輪をかけた悲劇は更に続いた。内部離反を画策して、運動を弱体化する信じられない動きである。運動は遂に一枚岩の鉄壁の強さを誇ることなく終わった。何時の世もフ

リーライダーの存在が、問題解決の純粋性を破壊する。得をして勝利したのは我が方であると囁く。

もうそろそろ終わりにしたい。「飯を喰わせるのが我が主人である」「儲けるには友人を利用することだ」この被虐的な沖縄の旧習に基づく価値観は卒業しなければならない。その思考方法は建設的な明日を生み出さないからである。この小論が「沖縄における戦後処理」の理解の一助になれば望外の喜びである。なおこの運動史は運動の中枢でその端緒から最終「顛末」までを見届けた者としての、筆者の一考察であることを付言しておく。

目　次
contents

はしがき	1

第1編　運動前夜

第1章　敗戦後の日本国の旧軍飛行場用地問題 ——— 16
- 第1節　旧軍用地と食糧問題　　16
- 第2節　緊急開拓事業実施要領及び同通牒　　22
- 第3節　他府県に見る飛行場用地問題　　24

第2章　協議会結成前の沖縄における旧軍飛行場問題 ——— 32
- 第1節　「沖縄復帰対策要綱要請書」及び「復帰措置に関する建議書」　　32
- 第2節　旧日本軍接収用地調査報告書　　35
- 第3節　沖縄における旧軍買収地に付いて　　43
- 第4節　公明党文書「沖縄における旧軍用地について」　　50
- 第5節　大蔵省の報告「沖縄における旧軍買収地について」に関する読谷村内関係団体の主張と要請　　63
- 第6節　読谷飛行場用地所有権回復地主会の運動小史　　71
- 第7節　嘉手納地主会の問題提起と争点　　85
- 第8節　旧軍那覇飛行場用地問題解決地主会の活動　　94
- 第9節　第一編の要約　　104

第2編　協議会活動と成果

第1章　旧軍飛行場問題発生の萌芽 ——— 108
- 第1節　戦後処理とは何か　　108
- 第2節　沖縄における軍用地の所有形態　　109
- 第3節　運動の誤謬　　110

第4節	沖縄における戦後処理事例	111
第5節	似非知識人による沖縄観	111
第6節	米国軍の拡大小史	112
第7節	協議会発足の原点	114
第8節	土地収用における戦後の混乱	115
第9節	協議会結成の胎動	116

第2章　沖縄県旧軍飛行場用地問題解決促進協議会の発足　117

第1節	沖縄におけるレコンキスタ	117
第2節	土地収用に基づくある地主の証言	118
第3節	問題解決は真の意味において地主を救済したか	119
第4節	運動に対する批判	120
第5節	沖縄における収用史の概略	121
第6節	協議会の発足	122
第7節	振興計画への記載	129
第8節	既成政党の思惑	131
第9節	浮沈戦艦「オキナワ」	132
第10節	土地は簒奪するもの ――WASPからサラダボウルへ	133

第3編　連絡調整会議と幹事会

第1章　沖縄県主管課折衝および旧軍問題検討会議の発足　138

第1節	沖縄県の主管部局の冷徹な対応	138
第2節	沖縄振興開発計画の成功事例	139
第3節	沖縄県の旧軍問題対策組織の発足	141

第4節　連絡調整会議と幹事会　　　　　　　　　142
　　第5節　用語の解説　　　　　　　　　　　　　279
　　第6節　幹事会の本質　　　　　　　　　　　　285
　　第7節　ダイコンの理論　　　　　　　　　　　286

第2章　分派の果てに起こるもの ———————　290
　　第1節　嘉手納地主会の失敗　　　　　　　　　290
　　第2節　連合会の瓦解　　　　　　　　　　　　291
　　第3節　伊江島地主会のジレンマ　　　　　　　293

第3章　旧軍飛行場用地問題調査・検討　報告書 ———　295

第4章　旧軍那覇飛行場等の用地問題事業可能性調査　報告書
　　について ———————————————　309

第4編　戦いの後　　　　　　　　　　　　　　　314
第1章　それぞれの道—戦後処理意識の乖離 ————　314
　　第1節　那覇地主会への最後通牒　　　　　　　315
　　第2節　各地主会の問題解決後の新たな問題　　315
　　第3節　那覇地主会の訴訟事件　　　　　　　　326
　　第4節　妨害行動　　　　　　　　　　　　　　328
　　第5節　フリーライダーの誤算
　　　　　　　　　　　　　　　　　　　　　　　331
第2章　旧軍飛行場の土地問題が提起したもの ————　331
　　第1節　要　約　　　　　　　　　　　　　　　332

第2節	有体物は慰藉には馴染まない	333
第3節	読谷地主会の成果	333
第4節	土地は簒奪の歴史である	334
第5節	ディアスポラの仮面	335
第6節	軍用地料への誤解	
第7節	真の戦後処理そしてより良い沖縄の建設に向けて	336

エピローグ　見果てぬ夢　339

あとがきの前に　344

あとがき　348

参考文献　352

第1編
運動前夜

第1章
敗戦後の日本国の旧軍飛行場用地問題

第1節　旧軍用地と食糧問題

敗戦直後に日本国は深刻な食糧不足に悩まされていた。政府は応急処置として「緊急開拓事業実施要領」を昭和20年10月に発布し、国是として食糧増産を急いだ。それは単に敗戦による窮乏ではなく、食糧事情の逼迫は既に戦前から深刻化していたのである。

ここに興味深い記述がある。以下は「農林行政史」第六巻（昭和47年版）からの抜粋である。ただし文章が長いので要点だけを端折って記述する。「主要食糧の増産確保のため第一次食糧増産応急対策（昭和18年6月―閣議決定）に引き続き、同年8月17日の閣議決定において第二次食糧増産要綱を決定―以下略」とある。この事業は非農家や学徒を動員して、初期目的の104％の好成績を収めた、画期的な計画とされた。続く第二次計画は、空襲激化などの諸種の障害の結果、目標値の88％に止まった。

昭和27年の経済白書は振り返って次のように述べていると同書にある。「終戦直後の日本経済はほとんど麻痺状態に陥っていた。44％に及ぶ領土の喪失、終戦後2年間で600万余にも達する人口の増加（その大半は海外からの復員者・引揚者）、非軍事的戦時被害は4兆2千億円（昭和23年末公定価格）、その他住宅、工場等の建築物とインフラや山林等の損耗荒廃、貿易の途絶等敗戦に伴う重圧が、日本経済の上にのしかかっていた。加えて昭和20年産米は未曾有の凶作で供米進捗率は3割に達せず、社会状態は険悪の一途を辿った」

更に続けて白書は言う。「かかる社会的不安の中にあって、しかも極度に低下した経済基盤の上に8000万人の国民経済を保護し、生活水準の向上を図るには、国土の最高度の利用によって、持てる資源の活用以外には方法は考えられなかったので、政府は食料と失業の当面する2つの緊急対策を積極的に推し進めるため、20年11月9日の閣議において第4次食糧増産計画とあわせて5か年計画を持って155万町歩の開拓を中心とした緊急開拓事業実施要領を決定した」

以上の記述から何が分かるのであろうか。戦前の日本国は既に飢餓状態にあり、15年戦争の遂行どころではなかったのである。沖縄で敗戦を経験した古老たちが異口同音に語ることがある。米軍は戦争の最中にも休憩を取りジャズに興じ、しかも豊富な食料に支えられて戦闘の士気は高かった。比べて友軍は無辜の沖縄人の田畑を荒

らして食糧を求め、あまつさえ保管した沖縄人の食糧の簒奪に余念がなかった。これでは戦闘の結末は明白である。広大な中国大陸や東南アジアの平原やジャングルで戦闘に従事する日本軍は、現地人の田畑や保管する食糧の略奪を持って糧秣確保の手段とした。これももう敗戦の明白な兆候である。何故かくまでに日本国は、戦争に走らなければならなかったのか。その反省は毫もその成果を見ていない。

今改憲論議が盛んである。今回の第48回衆議院議員選挙では、当初の国難は少子高齢化だと時の与党総裁はアジった。それが効果薄と見るや、国難は北朝鮮問題だとすり替えた。このすり替えの根底には繰り返されてきた、憲法改正論議が見え隠れしていた。選挙の結果には諸般の原因が関係した。憲政史上初の女性宰相の野望に燃える一政治家の心無い発言が、保守の政権維持を決定的にした。彼女の下には三匹目のドジョウはいなかった。横文字に弱い大衆は、日本語にやや繊細さを欠いた、無神経とも思える「排除」発言に、過剰に反応し流れが大きく右傾化した。判官贔屓は健在であった。執筆最中にローカル紙に目を疑う記事が載った。ある識者の弁として一部野党の勝利は判官贔屓ではなく、草の根の民主主義の勝利だとうそぶいた。眼を疑った。戦後70有余年、繰り返された草の根の民主主義の形骸化を、さも新しい思想のように説くことこそ時代錯誤である。実態は低レベルの発言が贔屓の引き倒しを招いたことにある。想定外の事態に野党が混乱し、漁夫の利を得て勝利したグループもあったことが真相だと説くと、喧しい反論が出そうである。このドタバタが僥倖となり、与党の圧勝につながった。与党の長年

の懸案の改憲は成るのか。果たして日本国は近い将来に、軍隊を保持することになるのであろうか。

緊急開拓事業の成果は既に過去の史実となった。しかしその分析は旧軍飛行場用地問題にとっては不可欠の重要事である。何故なら敗戦直後の新日本国はＧＨＱと協同して、大半の飛行場の民間への解放を実施し、更には荒地や山林を、外地帰還者を対象に入植を大幅に認めて、最重要事項である食糧難の解決に奔走した。これがまさに国難の克服であり、軽々に国難を口にするのは慎重であるべきであろう。使う時期や内容により、戦前の軍事体制回避を含めて、国難の用語使用はより良識に富んだ方法論を保持すべきである。因みに当時のＧＨＱスタッフはこの難局を目下最大の急務と表現した。

それでは当時の「目下最大の急務」である食糧事情は平成の時代には解決済であろうか。現在の食糧自給率は40％を切り、先進10か国中最低である。それは国家的な危機感を全く生み出していない。食糧は輸入するものであると、全ての国民は輸入に頼る実態を、恬然として意に介さない。確かに先進工業国になり上がった日本国は、経済の基盤を工業資本主義に依拠しているが、その技術大国の根底が揺らいでいる。工業資本主義の次に到来するとされている、金融資本主義の弊害は、既に米国に於いて深刻である。しかも経済学者を始め識者は、日本国の価値観の崩壊や学力低下、国際競争力の脆弱化について、先見の明を持った解答を出し得ていない。土地バブルを日本国の粗方の識者は予見し得なかった。似た現象が再び日本国の良識を覆い隠そうとしている。

東京学芸大学の手になる日本史年表「増補5版」で、その後の食糧事情を追ってみた。問題解決とされる、「米国の第3次余剰農産物受け入れ辞退」の閣議決定までに、実に12年を要している。その事実に識者や一般大衆はどの程度知悉しているのであろうか。ここにクロニクルを記載しておくのも無駄ではあるまい。

1. 1946/ 2/ 1　第一次農地改革実施
2. 1946/ 5/17　ＧＨＱ　肥料増産指令
3. 1946/ 5/19　飯米獲得人民大会（食糧メーデー）
4. 1946/ 6/24　昭和天皇、食糧危機克服について放送
5. 1946/10/21　農地調整法改正・自作農創設特別措置法各公布（第二次農地改革）
6. 1948/ 7/15　農地改良助成法・農業改良局設置法各公布
7. 1948/ 7/20　食糧確保臨時措置法
8. 1949/ 6/ 6　土地改良法公布
　　　　　　　（耕作農民を主体とした土地改良事業の一本化）
9. 1950/ 3/10　食糧庁　'49年度産米供出目標突破と公表
10. 1951/ 3/ 1　農林省、食糧管理法施行規則改正公布（雑穀統制廃止）
11. 1951/11/ 6　政府、米の統制撤廃延期を声明
12. 1952/ 6/ 1　麦の統制撤廃
13. 1952/ 7/15　農地法公布
14. 1954/ 3/ 8　米国とＭＳＡ協定に基づく余剰農産物購入協定調印
15. 1957/ 1/ 8　閣議、米国の第三次余剰農産物受け入れ辞退決定

上記年代記が食糧事情に関する概略である。これほどに政府は涙ぐましい努力をしている。しかも「最早戦後ではない」と高らかに宣言した経済白書は、1956/7/17の日付である。工業生産性と貿易による食糧事情の解決を図るあまり、翌年の米国の余剰生産物の受け入れを停止した閣議決定は、その後の日本の食糧事情を象徴しているように思えてならない。衣食が足りて礼節を知る日本国の骨太の道徳は何処に消えたのであろうか。

しかも工業大国日本は己の技術力を誇るあまり堕落した。凋落と言っても過言ではあるまい。先述のとおり、眼に見えない国難に匹敵する衰退が明瞭になってきている。加えて日本国は過剰で異常な国債発行の返済見通しが立たないまま、なおも乱発を繰り返している。

戦時国債の乱発は異常な数100％におよぶ戦後インフレにより瞬時に消えた。そしてその上に胡坐をかいた多くの特権階級も同時に姿を消した。歴史は繰り返すと人は忠告する。軍隊のために憲法改正をして、国債の乱発を更に助長し、戦前回帰を志向すると、そこには太平洋戦争のような悲惨さを凌駕する、日本国の滅亡が待っていないと誰が保証しうるであろう。食糧事情と周辺事情についてはもうこれで十分であろう。本論はあくまで旧軍飛行場用地の顛末記に在るのだから。

第2節　緊急開拓事業実施要領及び同通牒

緊急開拓事業実施要領は昭和20年11月9日に閣議決定された。古色蒼然としたカナ交り文を平仮名方式で書き換えると次のようになる。

「第一　方針　終戦後の食糧事情及び復員に伴う、新農村建設の要請に即応し、大規模なる開墾、干拓及び土地改良事業を実施し、以て食料の自給化を図るとともに、離職せる工員、軍人その他の者の帰農を促進せんとす」（注：句読点のみ筆者）

「第二　要領」では（一）開墾面積に続いて（二）事業主体と続きその（ハ）の項では刮目すべき文章に出会う。少々長いが、旧軍用地に関する重要決定であるので、煩雑を厭わず全文を掲載する。

「軍用地中農耕適地は、自作農創設のため、急速に開発せしめ、可及的速やかに払い下げ等の処分をなし、旧耕作者及び新入植者に譲渡するものとす。右払下げ等の処分に関しては、農林省及び大蔵省協議の上、之を決定するものとす。尚最近に於ける急速軍備拡充の為、買上又は寄付に係る土地にして、特に前所有者より返還の要望ある場合は、取得当時の事情をも勘案し、当人に於いて自作するを適当とするものに付いては、前所有者への返還を認むるものとす。但し之が返還に当たりては、当該地区全体の開発利用計画の一環として之を実施し、換地等の方法に依ることあるものとす」

「第三 措置」において具体的な予算化と、インフラの整備、その実施のための輸送路の建設と、土木・機械・電力等の活用について規定している。五か年の長期計画で155万町歩の開墾計画と、干拓計画それに重要物資所要量調査も記載されている。僅かに数ページに及ぶ簡にして要を得たこの実施要領は、続く「緊急開拓事業に関する通牒」でより明確になる。まさに国難克服の周到な計画である。

本論は、沖縄における旧軍飛行場用地の問題解決を意図しているので、緊急開拓事業に表出している旧軍用地の民間移譲に限定して論点を絞っていく。

「飛行場に関する件」と題した、昭和20年10月29日付国第25号、国有財産部長より関係各位に通牒した文書がある。次の文言が記載されている。

1. 飛行場の農耕（一部製塩）に関しては、連合国最高司令官より、10月11日付（ＡＧ686ＧＤ）覚書（別紙）を以て、連合国軍により使用せらるるものを除き、これが解放方米軍第6及第8軍に指示せられたるものなること。
2. 飛行場の農耕又は製塩利用に関しては、財務局長、地方長官協議の上、農林省及大蔵省専売局における之が利用計画に照応せしめ、其の一環として実施するものなること。
3. 別紙利用計画中、製塩利用予定計画のものにして之が不適当と認めるものは農耕に転用すること。
4. 同一飛行場に於いて、其の状況に依り、農耕及製塩の双方に利用するは、差支へなきこと。

5. 本利用計画策定以前に於て、既に利用中のものに関しては、特に之が不適当と認められざる限り、当面利用方法を容認すること。

以下省略。なお1項記載の連合国最高司令官の覚書は、高級副官がこれを発している。また添付資料として、転用されるべき陸海軍の飛行場の一覧表が、7枚に渡り記載されている。カウントしてみた。陸軍飛行場が北は北海道八雲から南は鹿児島の特攻基地知覧まで105を数える。同様に海軍飛行場は北海道の第一美幌に始まり、鹿児島は種子島で終わっているが、111を数える。残置する航空局所管は25となっている。

第3節　他府県に見る飛行場用地問題

戦局の逼迫に伴い、大本営は飛行場の建設を急いだ。それは当然に売買や寄付等による軍用地の拡大と使用であるが、用地の取得は聞えのいい売買の形態をとった。ここで収用の言葉を発するのは禁句であった。正当な私法上の売買が違法性を隠蔽した。確かに一部は正当と目される方法に依ったが、多くは事実上の強制収用であり、売買行為は後付けが大半であった。手元資料はごく一部に限定されているが、それでも収容の実態とその後の処理については、傾聴に値するものがある。一つの例を見て行くことにする。

第1章　敗戦後の日本国の旧軍飛行場用地問題

1．福岡・板付飛行場
1の1　突然の立ち退き命令「エッセー怒りの席田より」
このエッセーは当事者の日記を、あるルポライターが聞き取りを含めてまとめたものである。臨場感を創出するために、工夫または潤色が施されているので、それを除去するために重要事項のみを箇条書きで纏めてみる。

1）席田耕地の中230町歩余りが潰され、西部軍司令部の飛行場が、席田飛行場の名を冠して作られた。
2）挙国一致、愛国心の名によって強制的に収容された。
3）該当地の地主全員（44戸）に出頭命令の葉書が届き、期日に旧福岡商業学校で、将校（大尉）から収用の説明があった。以後4）から10）までは大尉の説明の概略である。
4）説明の理由に「守るも攻めるも、飛行場が数多く無ければ、戦争を有利に運ぶことはできない。飛行機は数多くあるが、飛行場が足りない。現在全国に数多くの飛行場を建設している。福岡近くにもあと2ヶ所建設の予定である」となっている。
5）該当地には5か部落があるが、家屋を崩して退去してもらわなければならない。
6）今次大戦は日清・日露の戦争のように被害を受けないという事にはならない。敵の飛行機は焼夷弾や爆弾を多数積み、我が国土に爆撃に侵入することが、近々に切迫している。敵の艦隊が我が国土に接近し、本土攻撃に襲来することも予想し、その心構えを十分にしておかなければならない。
7）強い決心の下に、軍隊と国民ががっちり組み、一致団結の強

い力を持って一丸となって戦わなければ、絶対に勝利を得ることはできない。
8) そのために新設する飛行場であるから、工事は滑走路を真っ先に、飛行機が飛べるように急いで作らなければならない。
9) 席田その他に筑紫、糸島に新設する飛行場はこうしたために作るのであるから、<u>戦争が終わりになれば使用しません。終われば直ちに皆さんに元通りにしてお返しします。</u>（傍線は筆者）さて私の話に反対する人は申すまでもないが、非国民、国賊であることはよく知っておいてください。
10) 接収する土地は約340から350町歩で中には5カ村が存在する。

ここに解説を加える必要があるだろうか。要点は二つ。一は挙国一致、愛国心の名によって強制的に収容されたであり、二は筆者の示した傍線の個所である。

1の2　損失補償と敗戦

エッセーの内容は更に具体的に次の指摘をしている。

日本軍の接収した席田飛行場内物件と補償は耕地が240町歩、家屋約130戸、公会堂、神社、墓、麦、菜種の立毛損料、離作料などからなり、日本軍の西部軍経理部の主計大尉から、村の議会議員を介して支払われた。公文書は買収価格決定調書（内訳は敷地買収価格、地上物件保証価格、離作料）、政府買入価格、土地建物貸借請書、土地建造物売買調書、土地調書、土地借上及地上物件保証料協定参考資料、承諾書、そして委任状から成っている。──価格決定通知

の詳細は割愛しておく。

註：筆者はこの手厚い損失補償に思わずため息が出た。何たる沖縄との差別であろうかと。後出の該当章の記述で、縷々説明が展開されていくことになるが、沖縄への態度と処置・取り扱いには、凡庸な表現になるが、他府県に比して「月とすっぽん」の、文字通りのセグリゲーションが存在する。しかしエッセーの著者は、日本国の収用については怨嗟に近い心情を吐露している。それでも帝国日本の軍隊は適切な処理をしているのである。ここに無意識の日本国とその政府の沖縄差別を認知することは悲しい。

1の3　日本軍買収解除

エッセーの通りに記載する。

日本軍の無条件降伏を知った西部軍経理部長某中将は、8月15日の夜から、経理部の部下全員に徹夜を命じて、買収の解除をしたのであった。終戦から8年後に元中将は次のように当時を回顧している。
「八月十五日の終戦で軍は混乱した。席田飛行場接収の責任者である私も苦悩した。席田飛行場はご承知のように、土地代、家の立退料、立毛損料、小作地に対しては離作料の名目で、一時の見舞金を差し上げたが、幸か不幸か国有地として登録を済ませていなかった。これは今から考えると幸せだった。米軍が上陸してくれば、あの広い飛行場の農地は米軍の所有になるのではないかとの心配から、被害を受けた農民の皆さんに帰そう、そうすることが私ども軍の償いであると考えた。そこで私は部下十人くらいに命じて、徹夜を続けさせ、書類上全部元に戻した。所有権は地主へ、小作権は元の小作

人にお返しした。土地代として支払った金は取り上げずに、そのまま席田飛行場を元の席田耕地に復旧する費用に充ててくれるように通知を出した」

続けて元中将は訴訟になったら証人になると証明書を提出し、該当する席田以外の土地も、買収解除地として証言すると約している。

この事実から推察すると、昭和19年の琉球諸島の、陸海軍による農耕地、家屋、その他の物件や立毛損料等に関する、土地収用に関係する一連の売買契約は、一部真実であり、一部不明とするのが実態に近い。この問題は後の章で詳細に検討する。

2. その他の収用軍用地の実情
大蔵省と農林省は敗戦直後の、国難とも呼べる食糧払底を解消するために、多くの帝国陸海軍の用地を、敗戦により職を得ない者または復員者等に開放した。それは前節の席田のように、一億総玉砕を前提にした収用のみではなく、明治期や大正期に軍用地として収用乃至は買収した軍用地も解放した。北富士演習場の買収は明治期であり、福岡の大刀洗飛行場は大正期の買収である。北富士地区では昭和30年5月には、米軍の演習場拡張反対のデモが起こった。米軍が沖縄に撤収後に防衛庁は山梨県に対して、払い下げた軍用地の借用を申し入れており、入会権問題に端を発した裁判闘争まで起きた。農民の利害と国防の利益とは絶えず相克関係にあり、富国強兵の明治期から現在に至る、中央と地方政府の利害は衝突してきた。それは現在、沖縄で深刻化した沖縄本島の北部地区に、新飛行場を

第1章　敗戦後の日本国の旧軍飛行場用地問題

建設する政府と沖縄県の裁判闘争にその具体例を見る。

さてここに長野県松代の大本営建設に関する興味深い資料がある。当時の建議少佐某氏の回顧である。話を簡潔にするために、筆者で要約してあることをお断りしておく。「昭和19年夏の終わりころ、私は東部軍経理部長某中将に呼ばれ、陸軍省建築課の某中佐に会うように求められた。中佐はやや緊張の面持ちで次のように話した。いよいよ信州の松代に立てこもることになった。天皇陛下を始め、皇族方、政府機関、陸海軍など、国家の首脳部が全員松代に移動の予定である。その一両日後に正式命令が出て、軍は松代に作戦施設を構築する。その任務にあたるように指示された。手交された設計要領図を基に各種の調査を始めた」

戦局は逼迫しつつあった。昭和19年夏には、シナ大陸の基地からＢ29が飛来して、九州に来襲した。ついでサイパンが玉砕し、同島からＢ29が本土攻撃に飛来するとの情報で、各地の掩体工事が急がれた。

次は当時の長野県知事の話である。「20年の春と思うが、東部軍の参謀が来て、松代に御座所、大本営、中央官庁を造ることになったから、労力、輸送、土地買収の斡旋をよろしく願いたいと言った。直ぐに地方事務所長、村長、警察署長を集めて協力をお願いしたが、大本営建設は機密の筈であったが、地元では既に周知の事実であった」

さて本論はここからである。例により収用される土地の関係者が、軍当局者「前出の建議少佐のこと」により招集されて、収容の話が始まる。20年4月6日のことである。「現在、内地決戦の非常体制下、必要により、西条村に軍施設を実施す。その企画範囲は図面の通り。西条村山林全部602町歩立ち入り禁止、買収は田畑67町2反歩、ほかに宅地1998坪、家屋は入組、筒井組（両方とも地名）、130世帯全部、筒井部落20戸は1週間以内に、入組み110戸は月末までに転出、建物は勿論、庭木、庭石等一切、現状のまま、買収に応じるよう」上記全ての財産は詳細に評価され、この金は役場で支払われた。札束をぎっしり詰めたカバンから村民に渡されたが、すぐそばに郵便局員が待っていて、その場で貯金するように勧められた。

工事はほぼ完成し、8月12日に陸、海軍を始め、宮内省、それに各省の関係者を松代に集め、洞窟の配置を決める予定であった。それが突然中止になった。8月15日正午に重大放送があるとの通知が原因だった。前日に御前会議で終戦の方針が決まっていたのである。かくして敗戦が決まり、松代に完成した大本営は、その機能を発揮することなく幻と化した。建議の某大尉が最後まで残り、事態の収拾に奔走した。住民から借り上げた土地や建物には借り上げ料を支払い、買い上げた土地や建物は買い上げた値段の4割5分から5割5分の値段で払い下げた。損傷に応じた差はあったが、公平に行われた。建設に従事した＊朝鮮人労務者3,000人の送還には某建設会社の職員が最後まで残って努力した。

＊松代の建設には、朝鮮人労務者が刻苦に耐えて建設に従事した事実を、忘れてはならない。沖縄では先島と称される宮古島や、八重山島に、沖縄本島から数多くの農民が駆り出されて、飛行場建設に従事したのと対照的である。

出典：読売新聞社「昭和史の展望―松代大本営」、松城町西条老人クラブ史蹟研究会「松代大本営建設回顧録」他。

第2章

協議会結成前の沖縄における旧軍飛行場問題

第1節 「沖縄復帰対策要綱要請書」及び「復帰措置に関する建議書」

「要請書」
本要請書は昭和46年3月11日、琉球政府「復対第6号」である。復帰対策県民会議（会長は元琉球大学学長）から時の行政主席にあてた、琉球政府から日本国政府に対する「建議書」の基礎になる文書である。その四　国有財産　第3項において次の文言が記載された。
「第二次大戦中収用もしくは買収した土地については、復帰後直ちに旧地主に返還するものとすること」
この文言は次の建議書から脱漏している。時の行政主席には三羽カラスと言われた側近がいた。その一人が石垣市白保の旧軍飛行場所有権回復地主会の会長である。彼は間違いなく建議書にその文言を

記載したと主張したが、それは見当たらないのである。

「建議書」

昭和46年11月18日の日付で琉球政府行政主席名となっている。B4サイズを二枚折りにした132ページに及ぶ労作である。当時の沖縄の政府職員を含め知識階層を結集した快心の傑作といってよい。外国政府から解放されて日本国政府の施政権下に所属する琉球の民の心情が縷々記されている。目次をみる。「はじめに」に続いて基本的要求、具体的要求の構成になっている。詳細は多岐にわたり、社会・経済・法律・教育・税制・医療福祉そして基地と自衛隊と、当時の琉球の要望が網羅・記載されている。しかし論調は一貫して暗い。時折悲鳴にさえ聞こえる。緑の地平線への憧憬は微塵もない。これが異国の支配から解放され戦前回帰「日本復帰と称した」を希望する琉球の民を代弁する建議書であるのか。

核の脅威・毒ガスの脅威・基地被害を懸念して、20数年の異国の支配からの解放の歓喜が全く感じられない。まさに重荷を背負った日本への復帰である。
そして上掲要望書の旧軍用地に関する文字は何処を探しても見つからない。種々の理由が考えられる。簡潔に言えばそれどころではなかったのである。余りにも多い問題の山積に、旧軍問題など後回しで良いとの理屈が働いたとしか思えない。それほど日本回帰は暗鬱で重圧になる諸問題に琉球政府は直面していたのである。建議書の達成率は人により評価が異なるであろうが、「はしがき」で筆者がいみじくも指摘した諸事項は最悪の状態にある。建議書から漏れた

旧軍問題を、沖縄振興計画で日の目を見るようにした旧軍地主会の苦労は、果たしてどのような結果になるのかを本論以降で語っていきたい。

最後にこの項の建議書について付言しておく。
建議書に旧軍飛行場の単語さえ出てこない、それ以降の沖縄県の態度に、筆者は腑に落ちない違和感を覚え続けていた。当初、それは謎であると書いた。しかしその究明は必要である。最後の行政主席の「回顧録」を思い返してみた。不都合な真実の言葉がなんとなく脳裏を走る。そうだ。それは不都合な真実であるに違いない。回顧録からその問題を意識的に回避していたとすると、それは究明の価値がある。不幸にも筆者は事務方総責任者の副主席の「世替わりの記録―復帰対策作業の総括」には未だ目を通していない。そこにヒントがあるのではないか。己の資料探索の浅慮を忸怩たる思いで反省し、かの行政副主席の著書と対面したのである。

次の記述があった。県民会議の革新系委員―彼等は皆革新系の立法院議員と組合三役―の要請に対し、主席は次のようにきっぱり言い切った。「安保廃棄、一切の基地撤去、全軍用地返還の立場は取らない。革新統一綱領でもそこまでは言っていない。そんなことで県民会議が成り立たなければ解散してもよい」(p19)　以後第二次・第三次と作成されていく要請書や建議書には一切この問題は記載されていない。旧軍飛行場問題は完全に蚊帳の外に置かれてしまった事実が判明したのである。「復帰措置に関する建議書」の悲惨な結末はあとがきで再び寸評しておく。

第2節　旧日本軍接収用地調査報告書
　　　　　昭和53年3月　沖縄県総務部総務課

副題は「旧日本軍が接収し、現在、国有地として取り扱われている土地の調査報告書」である。
この報告書は沖縄県が本格的に調査し、最善を尽くした報告書である。Ａ４判268ページにおよぶ労作である。

「はしがき」にはこうある。
「戦災や年月が経過しているために接収当時の旧地主や関係者が死亡、転出、または記憶がうすれていること、および公図・公簿等の証拠書類がほとんど消失していることにより、事実確認が窮めて困難でありました」

また次ページの留意事項の4では接収用地とは「旧日本軍が戦争遂行のため、住民から強制的に収容した土地をいう」と明確に規定している。この見解は日本国政府の「正当な売買契約により取得した」とする見解と鋭く対立する。県の報告書は後に詳細に論ずる大蔵報告書とは、真逆の対極にある見解となっている。ここには明らかな温度差がある。他府県における昭和19年に始まり、翌年の敗戦当日までに買収した土地の多くは、ほんの数例ではあるが概観したとおり、ほとんどが担当の会計将校の尽力により、見事に返還されている。

以下に県の報告書を吟味して行くことにする。
1 調査の概要は次の通り
（1）「調査の目的」 第二次世界大戦中に旧日本軍が国土防衛に必要な飛行場・兵舎・砲台等の用地に使用するために接収し、現在国有地となっている土地について、接収時の状況や経過並びに終戦後の取り扱いについて明らかにするために実施する。
（2）「調査の内容」 旧日本軍に接収された土地の旧地主の氏名・性別・生年月日・本籍・現住所並びに地目・地番・筆数・面積・更に接収の時期・目的・方法（特に売買契約の有無、土地代・補償金等の支払いの有無、方法）接収担当部隊・階級・氏名等について調査した。
（3）「調査の時期」 昭和51年8月から昭和52年6月までに実施した。
（4）「調査の方法」では文書により関係市町村長、関係地主団体の長に協力を依頼したうえ、彼らを通じて旧地主に調査票を配布し、必要事項を記入させ回収した。担当職員が出向き、地主代表や事情に詳しい者に直接会って聞き取り調査をした。
（5）「回答の状況」 調査は悉皆調査でなされ、配付回収したが、一家全滅や他市町村や県外転出者を除き、全て回収出来たものと理解している。その結果が地主数である。

2 調査結果の概要は次の通り
（1）「接収の時期」 旧日本軍が戦争遂行のために、住民の土地を接収したのは、昭和16年頃から昭和20年にかけてである。

(2)「接収の方法」 地域や施設によってそれぞれに状況が異なっており、所有権の移転登記まで済んだところや、村長との仮契約まで締結したところ、接収の主旨、目的を説明した程度のところ、更には全く何の説明もしなかったところ等とさまざまである。

そのどちらについても、当時は全て軍事優先の時代であり、土地取得に際して民法上の売買、双務契約であるとは言えず、旧日本軍による威圧的、強制的命令により接収したものであることは、元32軍参謀陸軍中佐神直道氏の証言でも明らかである。更に、土地代や補償金の算定についても、当時住民の間で一般的に認められていた時価額とはほど遠く、旧日本軍によって一方的に決定されたものである。また法的手続きについては、所有権の移転手続きが済んだと言われる、宮古・八重山地域を除いて殆んどの地域でなされておらず、旧地主達も法的手続きのことは知らない者が多く、所有権の移転を認めていない。

(3)「接収の規模」 旧日本軍が国土防衛のため飛行場・兵舎・砲台・物資補給基地・陣地構築等に必要であるとして接収し、現在国有地となっている土地は、県下12市町村にまたがり、6249筆、4,285,399坪、地主の数、2024人に及んでいる。この数字は地域によっては未申告の分があるとのことで今後の調査で、多少の変動はあるものと思われる。

(4)「土地代・補償金の受領状況」 土地代の受領状況については地域によってまちまちであり、更に同一地域でも地主によってそれぞれ差異がある。即ち、全額受領した地域と、一部受領した地域、全然受領していない地域があり、また同一地域でも全

額受領した者と一部受領した者、全然受領していない者がいる。土地代または補償金として、全額受領した者340人で、全体の17％、一部受領した者481人で24％、受領していない者688人で34％、分からない者515人で25％である。

土地代金や補償金を受領した人達でも、戦時資金調達に協力せよと言って強制的に貯金や国債購入をさせられ、その挙句が敗戦で貯金通帳や債券の紛失、消失、更に米軍による払い戻しの凍結があったとのことで、結局、旧地主に残ったものは何もないという惨めな状態になっている。

(5) 「戦後の経過」 戦後沖縄においては、全ての公図、公簿が消失したため、土地についても所有権確認調査が急務とされた。米軍は、1946年2月28日付米国海軍軍政本部指令121号「土地所有権関係資料収集に関する件」を交付し、沖縄民政府の指導、監督の下に各市町村長に土地所有権決定の準備を実施させた。その結果に基づき、各市町村長は1951年6月13日米国民政府布告第8号「土地所有権」の既定により、個々の土地について所有権を決定し、証明書を発行した。

具体的な土地調査の作業は、各市町村長の任命により、それぞれの市町村及び字に置かれた土地所有権委員会が、土地所有権者の提出する申告書に基づいて調査した。

ところが旧日本軍の接収用地については、沖縄民政府の指導により、土地所有権者の申請は提出しないように言われ、たとえ申請しても受け付けられなかったり、受け付けられたものでも保留になったりして結局所有権は認められなかった。

(6) 「接収用地の現況」 旧日本軍の接収用地は、前述のとおり1946年から同51年にかけて実施された土地所有権決定調査において、旧地主の所有権は認められず、結果として日本国有地として米国民政府琉球財産管理事務所の管理するところとなり、昭和47年5月15日に施政権返還と共に日本政府大蔵省管理となっている。

現在これらの土地は、軍用地や飛行場用地となり地域によっては農耕地、宅地として利用され一部は公共施設のために利用されている。

農耕地や宅地として利用している者の中には旧地主もおり、しかも、大蔵省との賃貸契約により有料で使用しているのが殆んどである。

(7) 「接収用地の境界確認の可否」 接収された土地の境界確認は大半が不可能であるかまたは、不明となっている。

現在、地籍明確化法に基づく調査が進められているが、今後の進捗状況によっては、接収用地の境界確認は重要になってくる。

改めて本調査書の編集乃至は構成に付いて概説しておく。
目次は1. 調査の概要　2. 調査結果の概要　3. 接収された地域の状況そして最後が4. 資料となっている。筆者は「調査の概要」と「調査結果の概要」が主要と考え、全文を掲載した。そこには沖縄県の抜き差しならぬ思いが込められていると思うからである。施政権が分離されていなければ、他府県の例でみたとおりの、公平な返還が実施されていたであろうことは想像に難くない。
何故なら担当者の判断で適正な処置を実施することが可能であった

からである。

沖縄においては旧帝国軍人が悪の象徴のように語られることが多い。その反動で最後の〈チョクニン知事〉沖縄県知事が必要以上に英雄視されて顕彰される。贔屓の引き倒しにならないことを祈るばかりである。むしろ32軍の指示に忠実であったことこそ、問題になるのではないかと素人目には映るのである。あの悲惨な沖縄戦で特定の個人を英雄扱いにすることは、戦禍に没した沖縄の名もなき万余の民に対して、本当に正当な評価とするに値するのか。むしろ戦争の風化を促進する恐れはないかと危惧する。

3. 接収された地域の状況については県の調査は実態調査であり、しかも一方的な聞き取りであるから、その評価は相半ばするものがある。国にとってはゆゆしき問題と映るであろうし、有体物である土地に関しては、表裏一体の影とも言うべき、土地台帳の存在は不可欠であるからだ。土地台帳の「有る無し」「戦時による消失」と、沖縄の旧軍用地は常に水掛け論に終始した。12の市町村に10か月にも及ぶ調査期間をかけて、戦後の混乱期の沖縄の土地所有の実態をあぶり出し明確にした、県の努力と功績は、比肩できない成果である。基本的には無いものに付いての調査である。それはある意味で空理空論に久しい。それでも調査に着手しなければならなかった、戦中戦後を正しく評価しようとする沖縄県の態度には、高い評価が与えられないといけないと思うのは筆者一人ではあるまい。たとえそれが国にとり、旧軍用地が自明の国有地であるとしても、戦後を無意味に終わらせないとする沖縄の心の発露であったように思えて

ならない。

　最後に4.資料に関して略述する。ここには米国民政府の土地問題を介した、沖縄統治に腐心する姿が浮かび上がってくる。かなりの布令布告が発令されている。中には乱発の結果、廃止された布令・布告もあった。時代背景をも加味して布令布告を理解することは不可欠である。原本は英語である。それが迅速に日本語となって琉球政府に伝達される。そこには明らかに英語マンの存在がある。だが彼等一群の英語エリートは政治・法律・経済・教育に通暁していたのであろうか。多くの日本人二世が軍政府や民政府に勤務していた。彼等の存在は大きい。彼等の教育で英語マンとして成長していった沖縄人が多い。そして米国留学制度の発足や、国費自費制度で、若い有能な沖縄人が育成され成長して行った。だが人材育成には四半世紀の期間はあまりにも短い。人材の涵養は100年と長きに渡ることは自明の理である。

　今、沖縄県の児童は日本国への復帰後40有余年が経過しても、日本人としては凄まじいまでの低学力に悩んでいる。社会も父兄も無神経に過ぎる。その学力の低成長期に何を思ったか、県庁は今麗々しく沖縄方言の使用を流布させるのに余念がない。何かが狂っている。日本回帰を祖国復帰と呼び、そしてその祖国の一員となる必要最低限の資格と資質が、無残なまでに低位置に喘いでいるのである。

　本論に戻る。資料に表出している多くの布令布告で、土地の所有権を明確にすることで、民心安定の一手段にした軍政府と民政府

の狙いは成功したのであろうか。土地の所有権明確化のために選任された土地委員は、その市町村の有力者であり、土地に関する専門家ではなかった。不動産鑑定士や土地家屋調査士、宅地建物取引士のような専門職の存在は無かった。その調査結果は押して知るべしである。

しかも分からないことがある。何故国有地として表記された土地に付いても再度その実情を調べ直さなかったのかと疑問が起こる。人心の歓心を買うためには土地に関する民意に耳を傾けるのが、米国政府に有利に働くことは想像できるからである。何故ならヨーロッパ戦線の英雄であった当時の大統領は、日本国の一定の了解の下に沖縄を信託統治にする政策を熱心に推進しようとしていたのであるから。当時の民政府は沖縄人を琉球人と称して、意識的に沖縄の日本国からの隔離乃至は引き離しを図っていた。格好の材料であったはずなのである。

筆者は1930年代に起こった学問革命を留学時に学んだ。土地を簒奪する白人に抵抗する原住インディアン。その戦いではインディアンに正義は無いとされた。根拠の一つに土地契約がある。英語の読めないインディアンに白人が契約書を、さも彼らに有利であるようにカモフラージュして調印をさせる。事実が真逆と知るやインディアンが抵抗する。その極点がハリウッド映画に見る白人対インディアンの平原の闘いである。かくして数百万人もいた原住インディアンはレザベーション「インディアン保護区と称する」に隔離され、その数は滅亡に近い数万人までに減少している。その事実を応用言語学で学ぶことは心痛であった。開拓期のあの蛮勇の伝統

があるなら、日本国からの隔離政策として土地をいったん県民に帰す処置もあったと思われる。実利的に国有地として存続させることで、地代を未了にする打算が働いたのかも知れない。何しろプラグマティズムの本家であるのだから。報告書は今後随所にその姿を現すので、ここでこの項「調査報告書」はいったん終了とする。

第3節　沖縄における旧軍買収地に付いて
　　　　　衆議院予算委員会提出資料
　　　　　　　　　　昭和43年4月17日　　　大蔵省

その1　始めに解説が必要である。表記は報告書である。俗に「大蔵報告」と称する。全頁が表紙を含めて僅かに5ページのB4判である。この報告書は沖縄の民に取り、単なる鬼門ではなく地獄の閻魔大王の台帳のような強力な威力を発し、戦後最大の沖縄の懸案事項とされた、<u>沖縄の旧軍飛行場用地問題</u>の前に立ちはだかる、不磨の大典と化した文書である。これは何も大袈裟な表現ではない。僅かに正味4ページの文書は、沖縄県が10か月を費やして営々としてまとめ上げた、268ページの報告書を瞬時にして反古にする強力な力を発揮した。幾つかのまざまざと見せつけた威力を例示する勇気を今は持たない。

しかし沖縄県嘉手納町の旧軍飛行場訴訟には、高裁沖縄支部の和解案が提出されたにも関わらず、それを一蹴して国側勝訴とした無鉄砲さの根拠になったばかりではなく、その後の地方政府なかんずく沖縄県庁の自己規制と国への自主的服従を強制する文書となった。

故にこれに関し、なまなかな著者の講評を控えるのがエチケットであろう。全文を記載する。その文書の奇妙さ、そして稚拙さと傲慢さに付いては、識者は首をかしげるであろう。繊細・精緻そして難解で正確無比を自認する霞が関文体とは似ても似つかぬ、芳香を一切感じさせない駄文が四ページにわたり続く。これに対抗する反論は筆者のみではあまりにも力量不足である。二つの団体のこの大蔵文書に対する反論を筆者見解の援護射撃とすることを許していただきたい。一つは公明党沖縄県本部の総力を挙げた見解であり、もう一つは読谷村所有権回復地主会の大蔵報告に対する疑義と反論である。以下に「大蔵報告」の全文を記載し、適切な場所に注釈を入れる方法を取って、問題の分析と解明を試みたい。

その2　大蔵報告書「全文」
「表　題」　沖縄における旧軍買収地について

第1　返還要求の主張

沖縄における旧軍買収地については、次のような理由から、旧地主に返還すべきであるとの要求が提起されている。

1　太平洋戦争時の緊迫した情勢の下に、国家総動員法に基づき強制接収が行われた。

2　対価を受領していない。

3　戦争終了後はこれらの土地を返還するとの口約束があった（読谷及び宮古島）

第2　調査の概要

沖縄の旧軍買収地（別表参照）は、沖縄の復帰と共に国有財産

として国に引き継がれ、今日に至っている。これらの買収地に関する上記の要求については、昭和48年以降大蔵省(沖縄総合事務局財務部)において関係省庁の協力を得て、調査を行ってきた。この調査は、太平洋戦争中に旧軍が土地を買収した経緯を明らかにするための調査と、戦後において土地所有権証明が行われた事情の調査等を主眼とし、大要、次の通り行った。

1 買収当時の諸資料の収集

買収当時における諸資料を次の通り収集した。

（1） 沖縄本島及び伊江島関係

イ　境　界　杭　　　　　　　　　　　　　　3本
ロ　土地買収に関する旧陸・海軍の通ちょう等　7件

（2） 宮古島及び石垣島関係

イ　土地売渡証書　　　4飛行場　　　約370人分
ロ　代金領収書等　　　3飛行場　　　約370人分
ハ　不動産登記簿謄本　5飛行場　　　約700人分
ニ　土地買収に関する旧陸・海軍の調書、協定等　8件

2 関係者からの事情聴取等

次の通り旧軍人等及び旧地主から事情を聴取し、また、旧地主に対しアンケート調査を行った。

（筆者注：紙面の都合で調査票は割愛する。概要のみを記載する）

調査票は施設名が9施設　合計46飛行場、事情聴取者が旧軍人46名、旧地主が333名、アンケート回答者（旧地

主）が789名となっている。

この票の末尾に不思議な注釈がついている。明らかに大きな矛盾がある。注の記述は下記の通りである。

（注） 昭和48年6月から昭和52年の間に行った事情聴取及びアンケート調査である。

3 土地所有権の認定等に関する資料の収集
土地所有権の認定等の諸制度を調査し、次の通り資料を収集した。
（1） 土地所有権証明書　　　　　　4飛行場　　74枚
（2） 土地所有権の認定関係の布告、指令及び指導通達
　　　10件

第3　調査の結果
1 旧軍飛行場の建設及び用地買収

上記の返還要求に係る土地に建設された旧軍飛行場については、当時の旧陸・海軍によって、昭和18年から19年にかけて沖縄本島、伊江島、宮古島及び石垣島において、ほぼ同時期に新設または拡張の工事が行われた（別表省略）。
当時の手続きを調査すると、当該用地が国家総動員法によって強制されたとする証拠は全く見当たらず、全て私法上の売買契約によって買収されたものと認められる。なお、本土についても同法により強制収用が行われた事例は見当たらない。

このうち、宮古島及び石垣島においては、旧軍が飛行場用地を買収したことを証する直接的な資料（土地売買証書及び領収書等）が相当数発見されている。これに対し沖縄本島及び伊江島においては直接的な資料はほとんど発見されていないが、これはこれらの地域で直接の戦闘が行われたため、直接的な資料が消失したためではないかと考えられる。しかしながら、沖縄本島及び伊江島においても、旧陸・海軍の軍用地買収手続きあるいは代金の支払い方法等に関する資料は発見されており、また、関係者からの事情聴取等によって買収区域の設定、説明会、買収手続、代金の支払い、移転登記等について其の概要が把握されている。

次に、宮古島及び読谷では、旧軍の担当者が戦争が済んだら売り戻すと口約したとの主張がなされているが、この点について調査したところ、戦禍を免れた宮古島に残存している土地売渡証書（契約書に相当するもの）及び登記簿には買戻し特約等の表示は一切発見されなかった。

2 代金の支払い

既に述べたとおり、直接の戦闘が行われた沖縄本島及び伊江島においては、代金の支払いを示す直接的な資料は発見されていないが、宮古島及び石垣島においては領収書等が相当数発見されているほか、陸・海軍が軍用地の取得に当り正当に契約し代金を支払ったと言う陳述及び資料もある。これらの事情から判断すると当時の取り扱いは、次の通りであったと考えられる。すなわち、旧海軍は旧沖縄県の吏員に出納官吏を兼務させたう

え当該吏員から、旧陸軍はその担当者から、代金を受取代人の市町村長に支払い、市町村の吏員が各人ごとに支払いを行ったものである。

3 米国治世下における所有権認定作業

沖縄本島及び伊江島においては、戦争の結果、不分明となった土地の所有権について、米国軍政府及び民政府の布告、布令に基づき、昭和21年から26年にかけ所有権認定作業が行われた。この認定作業は、各市町村ごとに組織された委員会によって進められ、その結果、所有者が明らかになった土地に付いては、各市町村長から昭和26年4月以降所有権証明書が公布された。なお、認定作業を通じて所有権について争いがある場合には調停制度や巡回裁判制度によることとされ、その旨あらかじめ周知されていた。実際にも、同委員会の決定に基づき、旧軍飛行場に食い込む形の土地が民有地と認定された事例があるほか、いったん国有地として証明書が公布された後、巡回裁判の結果所有権が民間人に認定された事例がある。

現在、国有地とされている土地はすべて、以上の認定作業により、当時所轄町村長が国有地と認定して土地所有権証明書を米国民政府琉球財産管理官に対して公布したものである。なお、国有地である旧読谷飛行場については、土地所有申請書が発見され、この申請書の所有名義は「日本政府」「日本ヒ行場」「日本飛行場」等まちまちに表示されていた。当時の取り扱いとしては、国有地については土地所有の申請は不要とされていたものであるが、このような申請があったからといって国有地の所

有権証明書の効力が影響を受けるものではない。

4 旧軍買収地の登記

宮古島及び石垣島においては、当時の登記簿が存在している。しかし、沖縄本島及び伊江島では、戦後登記簿が発見されなかったため、所有権認定作業に基づく所有権証明書により、昭和26年以降、国有地を含むすべての土地について「土地代帳」が作成された。その後、昭和39年に本土と同様に登記制度の改正が行われ、登記官吏により表示登記がなされた。この登記については、復帰の際、「沖縄の復帰に伴う法務省関係法令の適用の特別措置等に関する政令）（昭和47年4月27日政令第95号）第15条により、本土における登記と同様の法的効果が与えられた。

尚、上記の返還要求に係る沖縄本島及び伊江島の国有地については、表示登記のみがなされ保存登記のないものが大半であるが、保存登記がないからといって当該国有地の所有権の効力が左右されるものではない。

第4 むすび

上記調査結果を総合勘案すると、沖縄において戦時中旧軍が取得した土地は、私法上の売買契約により正当な手続きを経て国有財産になったものと判断される。

付記：別　表　「沖縄の旧軍買収地」は割愛する。
　　　施設名、所在地、建設時期について沖縄本島と伊江島、そ

して宮古・八重山について一覧表にしてある。それは調査書の主張を追認するための傍証に過ぎないからである。

第4節 公明党文書「沖縄における旧軍用地について」　公明党沖縄県本部
昭和53年6月発行

本文書はソフトグリーンの表紙を除いて46ページのＡ５サイズの冊子である。分量的には大著ではないが、政治的スローガン乃至は政党の特定の主張を表明するには充分な分量であろう。要所を例示しながら大蔵文書を穿っていくことにする。

「はじめに」には出版の主旨が提示されているので、要点のみを取り上げておく。

4月17日に大蔵省から衆議院予算委員会に、「沖縄における旧軍買収地について」という報告が出された。この表題は、我が党のいう「沖縄における旧軍用地について」の表題と異なる。沖縄の復帰に伴い、基本的重大問題として旧軍用地問題はいろいろの観点から議論が展開されてきた。従来の議論は観念的ではなかったかの反省をもとに、我が党は角度を変えて質問した。それは政府が「旧軍用地の」国有財産台帳登載に際し、国有財産法上や憲法上問題は無かったかという事であった。

第2章　協議会結成前の沖縄における旧軍飛行場問題

これに対し政府は、形式的に土地所有権証明書というものがあって、国有地証明を現地の市町村長が、当時の軍布令にもとづいて出しているから、国有地として国有財産台帳に登載していることに手落ちはないと答弁した。その後の我が党の追及により、土地所有権証明が欠陥の多いものであることが赤裸々に暴露されて、総理のよく調べるとの発言を引き出した。

その後、我が党は宮古島と石垣島の旧軍用地のケースを取り上げ質問した。かの地には土地の売買を証する直接の証書が出て来たので、農地法にのっとり農家に早急に解放せよ。代価は農地解放より割引価格にせよと迫った。当時の預金通帳が反古になっていることを示して迫ったところ、政府はこの要請に全面的に同意を示した。更にその件に関し、予算委員会で2回、決算委員会でも旧軍問題に対して糺した。その結果出てきたのが大蔵報告である。

その間1年有余、我が党は全力を挙げて調査を持続した。飛行場を抱える読谷当局を始め、沖縄各地の熱心な協力を得た。今回の大蔵報告に対し、我が党は重大な決意で対処する。既に表題の掲げ方からして、大蔵省と我が党の見解が異なることは明らかである。強力な現地との協力関係を背景に大蔵報告を読むと、大蔵省は相当苦しい論理展開をしているように感じる。反論は本論に譲ることにして、まず報告書の提出は評価したい。

問題解決には三通りあると思われる。1は裁判所の判定を求めること。2は政府と地元の話し合い。3は行政と国会の政治ルート。2と

3は合わせることが出来るので、実際には二つの方法しかない。今回の国会提出で問題解決には、行政と政治のルートを選択したと言える。大きく評価できる点である。<u>言うまでもないが、国会と行政の関係は、監督する立場と監督される立場にある。この報告に対し国会がもしこれこれの間違いがあるという見解を出した場合には、監督を受ける立場の行政府は、その見解を最大限に尊重しなければならないことも当然だと言わねばならない。</u>（アンダーラインは筆者）

この報告は、米軍政下の財産管理官が、旧軍用地を国有地として管理していたのであるから、沖縄返還協定で、米軍の権利、義務を継承した政府として、これ等の旧軍用地を国有地として引き継ぐことに、法的な開き直りの姿勢がないという事である。この良識ある姿勢は高く評価する。国会での論戦が意義を持ってきたので、我が党の論点、主張を資料として公表し、国会内外や沖縄の批判を仰ぎたい。

1. 「大蔵省報告の大要」は既に全文を掲載してあるので割愛する。

2. 「わが党の基本的見解」
　　公明党の見解は次のように要約する。
1) **証拠主義**
　　　返還の主張は証拠主義に基づくものとする。国の主張も厳格な証拠主義に基づかねばならないと考える。大蔵省の報告が、原則上明確にしている私法上の契約によるとの見解の徹底と一

体となって、その重要性は比重を増すとの見解に立つ。

従って宮古島や石垣島の主張は、売渡の帳票等の証拠がある以上、党としてはこれを是認できない。これに比し沖縄本島や伊江島については、帳票等の一切の証拠がないのであるから、国に所有権が移転したと主張する根拠はないとするのが我が党の見解である。

2) **大蔵の見解**

証拠としてあげてあるのは（1）境界杭があったこと、（2）旧海軍、旧陸軍の用地買収の手続きを定めた通牒が見つかったこと、（3）戦後の土地所有権認定によって国有地であるという証明書が市町村長から出されている。以上が根拠であるが、沖縄本島と伊江島にはその帳票は発見できない。戦禍で焼失したとの大蔵見解は一方的にそう考えているだけで、問題の処理仕方としては大変に乱暴と言わざるを得ない。

3) **宮古島及び石垣島の旧軍用地について**

前に宮古島及び石垣島の「返還の主張」は消滅していると申し上げた。地元と大蔵省の双方に直接の証拠があるからである。「あの土地は売っていないのであるから、返還せよ」との主張は自己矛盾（自家撞着または単なる矛盾でいい－筆者）であると考えられる。わが党は地元の所有権回復の方途として、農地法による農地の解放により早急に実現しようと考える。土地代金の支払いは国債の割当てであったり、現金は強制貯蓄に廻されたりして、反古同然になっている産業組合の通帳等も収集した。

農地解放に当たり、農地代金は特別の割引とすべきである。農地は旧軍が使用した飛行場の施設を排除して、元の農地に復旧した原型復旧の費用が、地元農民によって負担されているので、原形復旧費を政府に対して請求すべきである。政府、県及び市町村で評価機関を設置すべきである。宮古島においてはそのルートにのった申請が県に提出され、30有余年の土地所有権回復への胎動が開始された。

後に残る問題は、現耕作者と元地主との利害の調整の問題である。声だけ大きくして政府との距離感覚もなく、大きな川の手前から「返還、返還」と叫ぶだけで、現実の所有権回復の方途を開こうとしない考えは、わが党のとらざるところであることは明確にしておきたい。

4） **沖縄本島及び伊江島の旧軍用地について**

この地域での土地の売買は成立していないとするのがわが党の見解である。証拠がない当該地が宮古島や石垣島同様に、正規な私法上の契約によって国有財産になった何か証拠があるか、そう判断する傍証なり状況証拠となる材料があるか、「大蔵」報告に基づく5点について子細に検討を加える。

(1) **土地所有権認定作業と復帰後の登記について**

第1点　各市町村ごとに委員会が組織され所有権が明らかになった土地には証明書が公布され、所有権争いがある場合には調停制度や巡回裁判制度によることとされ、そのことははじめ

から周知されていたと述べている。

第2点 「当時の取り扱いとしては、国有地（国有地扱いの土地）については、土地所有の申請は不要とされていたものである」と述べている。これは更に「1946年2月28日付け琉球列島米国海軍軍政本部指令第121号及びこれに関連して沖縄民政府総務部から発せられた指導文書により、国有地を含む公有地に係る申請は不要とされ、所有権委員会に置いて調書を作成することにより処理することとされていた」と詳しくなっている。

第3点 第1点の具体的事例として、旧軍用地にくい込む形で民有地が認定されていること、および巡回裁判でいったん国有地と認定された土地について民有地と裁定された土地があることをあげている。

第1点の主旨は、土地所有権認定作業は公正かつ民主的に行われたとする。第1点と第3点との関係はその主旨を立証する事例が2つ発見できた。つまり主旨と具体的証明の事例すなわち例証の関係に立つとする。第2点の主旨は国有地扱いの土地に付いては申請は不要とされ、その処理は土地所有権認定委員会の認定によったとしている。

以上を踏まえて、第3点の具体的例証の、国有地にくい込む形の土地が同委員会の認定によってできたということについて述

べる。問題はこの具体的例証は個人の申請に基づくものではなく、土地所有権認定委員会の認定によっているのかである。つまり第2点に矛盾しない例かどうかである。この点は重大なポイントでありわが党はつぶさに実態を調査した。

この事例は読谷飛行場のことであり、20数筆の土地が棒のような形で飛行場のど真ん中に向かって倒れ込んでいる土地のことである。この報告が述べているように「同委員会の認定によって」、しかも第3点の申請が不要だったとの原則の上に立って「同委員会」なるものが、国有地扱いされている飛行場のど真ん中に向かって棒を倒した様な地形の20数筆の土地を、民有地だと申請によらず独自で認定したのか、その説明をしてもらいたい。おそらくその説明はつかない。何故ならこれは土地所有権認定作業のミスからは発生したものだからである。

これ等20数筆の土地は、各地主から委員会へ申請されている。それがどうして飛行場のど真ん中に倒れ込んだのか。それは字委員会の認定作業の図上処理のミスによるものであるからである。申請者自身が後にその認定作業の結果を知って驚いた。
この例証は第2点の申請は不要という原則に反した事例である。内閣の答弁に述べている1946年の米海軍軍政本部指令第121号にもとづく、沖縄民政府の指導文書違反の事例であり例証である。

国有地扱いの土地に関する所有権認定作業の骨格をなす法制に

違反した事例をもって、第1点の主旨すなわち、この認定作業が公正かつ民主的に行われたという例証にすることは絶対に許されない。それを承知で報告が出されているのであれば国会を侮辱するのも甚だしい。その重大な姿勢の誤りは指摘されねばならない。また知らないで、文言のみのロジックだけで辻褄を合わせただけの作文だとすれば、「沖縄における旧軍用地」の運命にかかわって述べているこの報告からこの部分は削除すべきと考える。

次に巡回裁判の事例である。提出した質問主意書に対する政府答弁は、読谷飛行場のある所有者の土地が国有地扱いであったものが、民有地となったものではないのが事実であって全くの事実誤認である。このように事実誤認をし、ズサンかつ狭猾な事例を示さなければ、その公正さや民主的であったという証明が出来ないこの報告の「米国治世下における所有権認定作業」の項は無意味で削除されるべきであろう。土地所有権認定作業から自動的に土地台帳の作成となり、それが沖縄返還に伴い政令で登記簿に登載されたとしても、でたらめの国有地扱いの土地に付いての認定作業の延長でしかない。

⑵ **大蔵省の報告の第2の「調査の概要」の中の「境界杭」について**
沖縄本島及び伊江島に関し収集資料の中に「境界杭3本」として目録が記述されているだけで、どういう意味を持つものか内

容の記述がない。大蔵省は境界杭3本を何らかの根拠に出来るものとは考えていないのかも知れない。再質問主意書の答弁を受けていない今日、多くのことを述べることは控えるが、わが党は徹底した調査を進めた。3本の杭は読谷飛行場用地が買収され、所有権が政府に移行している傍証ではなく、建設予定地の境界に旧軍が埋めただけのものであると認定していることだけは明確にいっておきたい。

⑶　大蔵省の報告の第2の「調査の概要」の中の「土地買収に関する旧陸・海軍の通ちょう等7件」について

「調査結果」の中で「沖縄本島及び伊江島においても、旧陸・海軍の軍用地買収手続あるいは代金の支払い方法等に関する資料は発見されており」と述べている。

これは沖縄本島と伊江島に特化した通ちょう等ではなく、発見された場所を指摘しているに過ぎない。内容は旧陸・海軍のいわば通則のようなものが発見されたに過ぎない。これは不動産会社に土地買収の内規があることに例えることが出来る。この内規の存在をもって大蔵省が優位に立つことにはならない。つまり内規が存在するから大蔵省が優越した立場に立てるとは限らない事を申し上げておきたい。

⑷　大蔵省の報告の第2の「調査の概要」の中の「関係者からの事情聴取等」について

「調査の内容」にこうある。「次の通り旧軍人及び旧地主から事情を聴取し、また、旧地主に対しアンケート調査を行った」と

して、沖縄本島及び伊江島の旧軍用地を含む（宮古島及び石垣島も含む）9か所の旧軍用地毎に事情聴取した人数とアンケート回答者数の一覧表を提示している。これを踏まえた「調査の結果」では「代金の支払い」の段で「宮古島及び石垣島においては領収書等が相当数発見されているほか、旧陸・海軍が軍用地の取得にあたり、正当に契約し代金を支払ったという陳述及び資料もある」と、初めて「陳述」に触れているのみであり、この報告はこれが最後である。アンケート調査には一言も触れていない。事情聴取も、アンケートも人の記憶による任意の伝聞であり、これだけを独立させて云々できないのは当然である。

沖縄本島と伊江島については、土地の売買には大蔵省は何も触れていない。物的証拠が何も存在しないところで、事情聴取やアンケート調査の任意性の強い伝聞をもってきても無駄との思慮が働いたと思われる。この姿勢は正しいと指摘するに留める。わが党の収集した伝聞は多岐にわたり、あらゆる事態に対応の用があることを申し上げておく。

⑸　最後に大蔵省の報告の第3の「調査の結果」の中の「**沖縄本島及び伊江島においては直接的な資料は殆んど発見されていないが、これは、これ等の地域で直接の戦闘が行われたため直接的資料が滅失したためではないかと考える**」と述べていることについて

大蔵省は旧軍用地の売買は私法上の取引であると明言する。大

蔵省をAとし、旧軍地主をBとした場合、Aは土地代を支払ったが、Bの書類が戦災で焼失したのであろうから、Aの取引は有効であるというに等しい。しかもAにすら取引を証する書類は存在しないのである。このような一方的なキメツケをわが党は断じて容認できない。大蔵省は私法上の立場を放棄する自家撞着の論理に陥っていることを申し上げておく。

沖縄本島及び伊江島で戦闘が行われたことは事実である。その戦闘は第32軍が編成された昭和19年7月以降である。旧軍の飛行場建設は昭和18年の初夏に始まる。戦闘開始の時期までには飛行場建設は相当に進捗していた筈である。用地取得等の事務は陸軍大臣直轄の経理機関が統括していた。土地の売買の証拠があれば、戦闘開始以前に当然中央機関に送付されていた筈である。たとえ全部の保管ではないにしても1枚や2枚、半紙でも中央機関にある筈ではないか。第32軍が管轄を分任され売買証拠を引き継いだとしても、ひとかけらの証拠も現地に存在しない事があり得るのか。住民の一人の所持品から飛行場建設に従事した際の、旧軍が支払った労賃の受取書が十数枚発見された。また戦前の土地の権利書や民間人相互の土地売買の契約書も発見された。しかし、旧軍に関する土地売買の証拠となる書類は何一つ発見されていない。

存在したものが消失した。最初から存在しない。双方を考えることは出来る。大蔵省がどの立場を想定して「考える」かは、勝手とはいえわが党が主張する想定を退けるだけのものは何も

第2章 協議会結成前の沖縄における旧軍飛行場問題

ないではないかとの思いを付け加えておく。要は、大蔵省が自分勝手な「考えられる」ことを以て、私法上相対の立場にある相手をキメつけることはできない道理だけは明らかにしておきたい。

沖縄本島及び伊江島の旧軍用地について、土地売買の直接的証拠はなくても、大蔵省の報告の「むすび」で述べているように、①調査結果の総合勘案によって、私法上の売買契約により正当な手続きを経て国有財産になったという判断をすることは出来ない事が明白になった。②（1）から（5）までのこと以外には報告のどこを読んでも総合勘案の材料は出てこない。大蔵省が何と何を総合勘案したのかを明らかにし（1）から（5）までの論点に明確な反論をすべきである。

筆者注： ①　この結論がその1で指摘した閻魔大王の不磨の大典の意味である。この結語はその後の沖縄における旧軍飛行場用地の問題解決の前に立ちはだかった。公明党の繰り返す質問主意書でもこの結論をオーム返しにして、国の立場は堅持された。逆に質問の度にこの国の沖縄の旧軍用地に対する姿勢は強化されていった。沖縄県旧軍飛行場用地問題促進協議会の要請活動を始め、協議会を離脱して、分派行動で所有権回復を叫ぶ幾つかの旧軍飛行場地主会の度重なる敗訴も、この「総合勘案して推論された結論」の前では無力であった。

②　度重なる公明党の質問主意書にも具体的な資料に基づく見

解は示されないで終わった。最終章である**「国会の意思形成とわが党の具体的見解」**の中では諦めにも似た公明党の陳述が痛ましい。こうある。「大蔵省の報告は先にもふれた質問主意書に対する答弁でもふれているように"可能なかぎりの調査をした"結果であり、又、当事者の非公式言明からしても、これが最終報告のようであります」と結んでいる。野党時代のこれが公明党の精一杯に取り組んだ沖縄問題であった。しかし他の野党に比べて、公明党の真摯な問題取り組みは高く評価されてよい。この動きが後の読谷村の等価交換による広大な土地の返還にもつながっていることを知る者は少ない。

(6) その他

この小冊子はここまでが重要である。後は参考資料とあり、質問主意書とその回答などが収録されている。また資料の初めに大蔵報告が全頁記載されているが既に紹介済である。これで公明党の旧軍飛行場問題への取り組みの紹介を終わりとする。

第5節　大蔵省の報告
「沖縄における旧軍買収地について」
に関する読谷村内関係団体の主張と要請
沖縄県読谷村、読谷村議会、
読谷飛行場用地所有権回復地主会

昭和53年5月8日

はじめに

本文書はＢ４判の大型の冊子である。全頁が7枚と枚数は多くはない。しかしここに読谷村の血の滲むような蝸牛の歩みにして営々と調査した結果が、集約されている。内容はほぼ公明党沖縄県本の見解と大差ない。勿論公明党の単語は一度も出てこない。しかし読谷村と協働で調査した結果は、当時の地主会の事務局長から聴取してある。むしろ公明党の見解は、この読谷の調査結果に負うところが大きいのが真実に近い。全文の掲載は紙面の都合上割愛するが、要点は細心の注意を払って記述した。

1. 返還要請の主旨

太平洋戦争の戦況が日々悪化しつつあった昭和18年から昭和19年にかけて、旧日本軍は「戦争を勝ち抜くため」との名目で、沖縄県読谷村内の用地を強制的に接収して読谷飛行場を設定した。昭和20年4月、米軍は沖縄本島に上陸し同日読谷飛行場を占拠し、そのまま飛行場として使用し、今日まで米軍基地として使用されている。戦後昭和22年から始まった土地調査に際し、旧軍使用の読谷飛行場は土地調査対象地区から除外さ

れ、地主からの所有権申請は拒否され、米海軍布告7号第2条によって米軍の財産管理官の管理下に置かれた。昭和47年5月15日、沖縄の日本復帰に伴い米軍から政府大蔵省に引き継がれ、そのまま国有財産台帳に記載された。関係省庁に対する読谷村、同議会、同地主会の度重なる返還要請にも関わらず、大蔵省は過日「沖縄における旧軍買収地について」という調査結果報告書を衆議院予算委員会に提出した。

戦場化しつつあった沖縄本島の社会状況、即ち国家総動員法的社会状況を全く無視し「すべて私法上の売買契約によって買収されたものとみとめられる」と云うが如きは、平時現行法の立場から言いうることであって、戦場と化しつつあった沖縄本島の社会状況を的確にふまえた調査内容とは断じて言えるものではない。また、「沖縄本島及び伊江島において買収の直接的な資料はほとんど発見されていない。」と結論づけておきながら資料のないのは直接戦闘が行われ、その為に滅失したであろうと類推し、責任を戦争に転嫁する如きは報告書を貫いている大蔵省の二つの考え方、即ち私法主義、証拠主義の観点からしても不当な報告内容であり、論理の飛躍、事実誤認もはなはだしく、他の例をもって類推し「総合勘案」の類推をもって国有地とすることは言語道断である。

2. **読谷村における、読谷飛行場用地に関する調査及び返還要請の経過**
　イ．読谷飛行場用地に関する調査等

第2章　協議会結成前の沖縄における旧軍飛行場問題

国有地扱いになっているのは如何なる根拠によるものか、昭和40年11月から今日まで、次の機関及び建設当時の関係者並びに戦前、戦後の地元関係者を広く調査した。調査機関は16当局に及ぶ。大蔵省国有財産局、厚生省援護局、総理府特連局、防衛庁防衛研究所、北九州財務局、南方同胞援護会、元航空参謀、ほか地元の関係者である。以下名称は省略。

ロ．調査結果
　(1)　大蔵省、厚生省、総理府、防衛庁の資料によれば沖縄本島の中頭郡読谷山村に、旧日本軍北飛行場が所在したことは判明しているが細部は不明。
　(2)　当時の県関係者は、何も覚えていないまたは関知していないとする。
　(3)　当時は軍事優先の情勢であり、飛行場設定は急を要したので、地主の意思聴取、正規の手続きを経た買収、土地代支払の事務を進める暇もなく、飛行場建設は強行された。
　(4)　飛行場用地の売買行為は存在せず、土地代金の支払いは無く、地主は土地代金を受領していない。

ハ．返還要請の経過
　昭和40年から調査を行い、結果は上記のとおりである。読谷の3団体は9回にわたり関係省庁に返還要請を重ねた。
　期日、要請内容、要請先等の年譜は略。

3. 読谷飛行場跡地の返還要求の理由

イ. 国家総動員法的社会情勢の下で、戦争目的のみが強調され、一方的に「戦争を勝ち抜くためには飛行場が必要であり、土地を提供して欲しい。戦争が終われば土地は返す云々」と用地提供のみを強調した。軍部と警察権力を盾に強制的に土地を接収し、軍人、県民、旧制中学生等を総動員して飛行場設定をした。

ロ. 関係地主は土地代金を一切受領していない。

ハ. 戦争が終われば土地は返還すると旧軍人は口約束した。

ニ. 土地の売買はなかったので、所有権は政府に移転されておらず、国有地ではない。依然として所有権は地主にあるのは常識である。

ホ. 戦後（昭和22年）から行われた土地調査では、米軍は旧日本軍の使用していた土地は国有地として扱い、地主の所有権の申請は受理しないよう指導され、祖国復帰まで米軍の財産管理官により管理されてきた。復帰の際、接収当時の事実関係を調査もせず、そのまま国有地として、国有財産台帳に登載するのは不当であり、それを許すことはできない。

4. 大蔵省報告「沖縄における旧軍買収地について」の読谷飛行場関係の部分についての反論及び地主の主張

A. 第2「調査の概要」、（1）「沖縄本島及び伊江島関係」について

イ.「境界杭3本」について

読谷飛行場周辺にある3本の石杭をもって、売買を裏付ける物

的証拠としているが、当時の事実関係を無視した事実誤認である。その理由は杭打ち作業に従事した作業員は村に健在であり、軍人（上等兵）の指示で、3人1組で打設作業が行われたものである。杭の打ち込まれた畑は、接収もされず農耕がおこなわれていた。杭は地主が知らないうちに次々に打ち込まれたものであった。よって3本の杭は飛行場予定地の範囲を示すものであり、飛行場用地の売買、所有権の移転を裏付ける物証ではない。

ロ．「土地買収に関する旧陸軍の通ちょう等　7件」につて

読谷飛行場について旧軍の通牒があったにしても、それをもって旧軍が土地代を支払い、地主が代金を受領した証明にはならない。

B．第3「調査の結果」について

大蔵省は「旧軍飛行場の建設及び用地買収」の中で、「全て私法上の売買契約によって買収されたと認められる」、「沖縄本島及び伊江島においては直接的な資料（買収を証明する）は殆んど発見されていないが、これらの地域では直接の戦闘が行われたため、直接的な資料は滅失したためではないかと考えられる」と報告している。戦時体制下の戦況が悪化しつつある中での飛行場設定である。大蔵省報告はその社会情勢を全く無視して「私法上の売買契約によって買収］されたと結論した。売り手、買い手双方の自由意思で対等の立場に立った売買行為となる。

不動産登記法に基づく正規の手続きが必要となり、用地の交渉、

売買契約、土地売渡証書、不動産登記簿謄本（副本は新しい所有者が所持）、代金領収書等が保管されなければならない。政府が買収したならば、関係地主が納得する必要な公的証拠資料を提出すべきである。その責任を果たさずに、証拠資料のないのは「戦闘によって消滅したためであろう」と責任を戦争に転嫁するやり方は許し難い。憲法29条が規定する個人の所有権を、ただ類推をもって地主の土地を国有地とする政府の考え方は意図的に事実を歪曲し、政府の立場を正当化しようとするものである。

● 「宮古島及び読谷では、旧軍の担当者が戦争が済んだら売りもどすと口約したと主張する。調査したところ、戦禍を免れた宮古島の土地売渡証書及び登記簿には買戻しの特約等は一切発見されていない」と大蔵省は報告する。ところが読谷では口約した軍人の証明書もあり、「昭和39年12月14日、厚生省援護局長の用地取得事情についての認定書」は戦争が終われば土地は地主に返す、との口約があった事実を認めている。

● 「いったん国有地として証明書が公布された後、巡回裁判の結果、所有権が民間人に認定された事例がある」と特定人の事例を挙げている。しかし、登記所の台帳によると当該地番は元々県有地であり、読谷飛行場からはるかに離れており、読谷飛行場とは全く関係のない土地で事実誤認である。また「土地所有権委員会の決定に基づき、旧軍飛行場にくい込む形の土地が民有地と認定された事例がある」と指摘している事例は読谷飛行場にある。これ等の土地は戦前飛行場の外に位置していたが、戦後の公図作成時に錯誤により、飛行場内に配置されたものである。これ等の土地は接収された土地ではないために、申請が

受理され、所有権も認定された。この例をもって、飛行場内の地主も申請すれば認定されたであろうとの推論は成立しない。
● 「旧軍買収地の登記」の中で「上記の返還要求に係る沖縄本島及び伊江島の国有地については表示登記のみがなされ、保存登記のないのが大半であるが、保存登記がないからといって、当該国有地の所有権の効力が左右されるもではない」と報告している。読谷飛行場用地が戦前において国有地の登記が完了していれば、戦後の土地調査の如何にかかわらず、正当な国有地といえるが、戦後の米軍布告7号の適用で国有地扱いしたものを「当該国有地の所有権の効力が左右されるものではない」との主張は不当である。

Ｃ．第4 「むすび」で大蔵省は「調査結果を総合勘案すると、沖縄において戦時中旧軍が取得した土地は、私法上の売買契約により正当な手続を経て国有財産になったものと判断される」と結んでいる。

上記に対し読谷村内関係者の主張は次の通り。
(1) 「沖縄本島及び伊江島については買収を裏付ける資料はない」ことが明確になったのは大きな成果である。
(2) 大蔵省の昭和48年から52年に到る調査は事実の如何にかかわらず、「買収していたであろう」の固定観念に立って調査は進められていた。
(3) 国家総動員法的社会状況の中で軍権力を盾に強制的に接収したにもかかわらず、その事実をかくし私法上の売買契約による取得

と報告しているが、証拠資料を地主に提示すべきである。
(4) 証拠資料の提出なくして、他の類推をもって読谷飛行場を国有地として登載・保有することは、国家機関の大蔵省が、国権の最高機関である国会や土地の所有者たる地主に主張できるものではない。
(5) 代金支払いの証明資料または登記簿謄本(副本)が政府に無いことは、最初から存在しなかったという事である。十分に調査もせず国有財産台帳に登載した大蔵省の責任は重大であると言わなければならない。

5. 読谷村内関係団体の結論

政府は、読谷飛行場問題について、数年にわたって調査をしてきた。

その結果に対する地元読谷村内の主張は上記に述べた通りである。政府が読谷飛行場を国有財産として保有することは不法不当である。政府は沖縄の戦後処理に対し、誠意をもって取り組んでいただき、筆舌に尽くしがたい犠牲を強いられた地主の正当な要求が、具体的に早急に政治的に解決できるように国政に携わる各位に対しご英断とご高配をお願いする。

第6節　読谷飛行場用地所有権回復地主会の運動小史

はじめに
大蔵報告に対する反論が読谷村の3団体の連名になっているように、読谷村はまさに村民全体を一つの塊として、あの広大な読谷台地の、所有権回復の運動に取り組んできた。
その歴史の長さに裏打ちされ、現在も地主会は活動をとどめることは無い。それは一人の若者の熱意に始まる。小グループで始まった彼の組織が、遂には大きな所有権回復運動のうねりを招来する。この在野の賢人も既に齢80歳になんなんとして、今健康状態が危うい。
彼の批判に耐えうるように、この運動史が史実と真実を穿って止まないことを祈るばかりである。

歴史が長いことは取りも直さず出版した資料も膨大になることを意味する。その中から運動の経過を要約した報告書を例に取り、読谷地主会の運動小史とした。地主会から反論が出ることを承知で、筆者の独断で掲載することをご容赦願いたい。

1.　経　過
下記は平成9年の読谷飛行場用地所有権回復地主会（以後読谷地主会）の総会記録に見る活動と経過をなぞったものである。筆者の主観は入れていない。要所のみを掲載する。
1)　旧読谷飛行場用地は、戦後も米軍用地として使用された。敗

戦後の土地調査に際し、旧日本軍用地は布令第7号により、米軍財産管理官の下に置かれ、地主からの土地申請は「受け付けるな」と指示され、旧地主の所有権は認定されなかった。

2）　不当に奪われた所有権を回復するために、昭和51年2月14日、664名の全地主は読谷地主会を結成した。

3）　地主会は旧読谷飛行場用地の地主数、筆数、総面積を明確にすることが運動の基本と考え、強制接収前の飛行場の各筆の配置図を作成することにし、昭和52年7月13日から作業を開始した。その方法は、6支部がそれぞれ支部配列委員会を組織して当該支部会員の配列図を作成し、また各支部二人をもって中央配列委員会をつくり、大字界の決定と隣接支部間の問題の調整に当たるというものであった。約1年3か月後には飛行場全体の配列図を完成させた。

4）　村および地主会が国に対して飛行場の返還要請をする中で、返還後の跡地利用計画の策定の必要性が早くから指摘されていた。昭和57年5月15日、村は多額の予算を投じて利用計画の策定に取り掛かった。村企画課と地主会執行部及び支部代表を以って読谷飛行場転用計画策定会議を組織し、計画策定に向けて関係地主の意向調査及び基礎資料の収集、問題解決方法についての調査研究を行い、1年後の58年5月に読谷飛行場転用計画調査報告書をまとめて村に提出した。これを受けて、村当局は地主会代表を含む村内各階層の代表者32名からなる読谷飛行場転用計画審議会を設置し、昭和60年11月、その答申を受けて読谷飛行場転用計画を策定した。同計画を基にして昭和62年に策定された読谷飛行場転用基本計画は、飛行場用地の

75万坪の返還後の跡地利用の計画と旧地主会関係者の権利回復の方途について定めたものである。同計画の第5章実現プログラムの中で「問題解決の対象者は旧地主関係者である。農用地は農業地区開発整備計画に基づき、旧地主関係者で組織する農業生産法人に処分するものとする」と旧地主の権利回復とその戦後処理についての道筋を明確に示している。同計画の公共用地の処分については、旧地主に返るべき土地から3割を減歩して、村発展のために提供することを地主会総会で決定した。

5) 平成7年5月、日米合同委員会で沖縄のいわゆる3事案の一つとして読谷補助飛行場の全面返還が合意された。
6) 平成8年12月、「沖縄における施設区域に関する特別行動委員会（ＳＡＣＯ）」は読谷補助飛行場について「パラシュート降下訓練が伊江島補助飛行場に移転され、また、楚辺通信所が移設された後に、平成12年度末までを目途に読谷飛行場を返還する」とし日米が期限を定めた全面返還に合意した。

2．読谷飛行場返還の不思議

全面返還は無償で実現したのではない。ここでも執拗なまでの大蔵報告の陰が跋扈する。否、健在であった。結局あの読谷台地の返還は、楚辺通信所「前出」の代替地である村有山林を提供することにより、世にも不思議な等価交換図式で交換の形式をとり実現した。大蔵省（現財務省）はあくまでも読谷飛行場は国有地であり、返還はままならない。ただし物々交換で土地の取り替えっこは可能であるとしたのである。

平坦で高度に利用価値のある読谷台地の75万坪が、特定目的が無ければ利用できない3万坪の山林と等価としたのである。筆者は土地建物取引士の免許を持っている。この交換には首をかしげる。しかしこれは何も読谷の皆さんの敗戦後から営々と積み重ねてきた努力を揶揄しているのではない。「してやったりの快挙」と評価する。名を捨てて実を取る現実路線で、「一つの戦後」を終了させたのである。これは戦後沖縄を語るに際し高く評されるべき、沖縄の実相の一つである。

沖縄には余りにも多くの敗戦処理があった。その大きな題目である不発弾処理と比肩できる問題の解決に一つの光を与えたのが、読谷地主会の所有権回復運動であった。後述するように筆者は読谷の運動の成果を沖縄の「ミニレコンキスタ」と紹介した。レコンキスタは闘争を前提とした。武器を使用した。読谷は世論と政治的解決を武器とした。

ここで是非紹介しておきたいエピソードがある。例の読谷の運動家の秘話である。日参に近い大蔵省詣での最中に、ある担当高官が壁に向かってこう呟いた。「次の話は独り言です。聞いていようがいまいが構いません。読谷の土地は坪16円の売買でどうでしょうか」それを聞いた運動家は、帰沖して直ぐにそれを村長に伝えた。「読谷飛行場は国家総動員体制下で、強制的に接収されたものである。返還されて当然である。有償の話等まかりならん」鶴の一声である。営々として大蔵とのパイプを築き上げてきたこの運動家は、地主会の戦友と共に、再び返還運動の苦しい闘争に引き込まれていく。こ

の苦い体験が後の現実的解決である等価交換手法につながって行った事実を知る読谷人はほとんどいない。

3．厳しい運動の例
読谷補助飛行場には幾つかの米軍の軍事演習に反対する運動が展開された。読谷飛行場用地所有権回復地主会だより第7号(1995年9月5日発行)にその闘争の一端が記載されているので要約して掲げる。

1) アンテナ基地建設反対の闘い
　地主会結成から僅かに5か月後の7月12日、村民の通報により飛行場における米海軍P3Cアンテナ基地建設工事の動きが発覚した。基地建設は半永久的に基地との同居を余儀なくされる。平和な村の発展が阻害され、村民生活に悪影響を与える強い危機感があった。村当局と地主会は建設撤回を求めて、関係機関に要請活動を展開した。8月2日、村議会も全会一致の反対を表明した。だが米軍の建設の意思は固く、要求の見通しは絶望的であった。地主会は現地座り込み闘争をする以外に阻止方法が無いと判断し、接収後33年の怨念を込めて10月6日、遂に実力闘争に突入した。座り込み期間中工事社との数度に及ぶ衝突があり、つど役場職員と地主会自宅待機者が応援に駆け付け、身を挺した阻止行動が展開された。地主会を支援するために村内22団体が支援共闘会議を組織し、工事現場で10月22日に結成村民大会を開催した。雨天の中で836人の村民が結集した。以後闘争小屋近くで刑事が終日監視する中で座り込みは続いた。工事強行と機動隊導入の情報も流れたが、地主会及び

共闘会議は村長の指導の下で、40日に及ぶ座り込み闘争を戦い抜き、米軍工事を中止に追い込んだ。座り込み闘争の勝利は、読谷飛行場問題を沖縄における戦後処理の未解決問題として、30数回に及ぶ国会論議の端緒となり、旧軍問題の見直しを進める政府解決方針の表明につながっていく。

2) **米軍演習阻止の闘い**

この項には代表的な旧地主会の米軍への抵抗の歴史が刻まれている。読谷補助飛行場との類似性において論じられるのは伊江島飛行場である。何れも常設の空軍の施設は無い。

その位置付けは訓練用の補助飛行場である。全ての戦略的機能を備えた嘉手納空軍基地や那覇飛行場とはその性格は大きく異なる。嘉手納には全ての基地機能が備わっている。

攻撃用の各種飛行機や偵察機の類を含め、掩体施設や爆弾貯蔵施設、そして多くの兵士や家族が暮らすのに必要な住環境まで整備されている。これを定義ではリトルアメリカと称する。那覇飛行場は自衛隊を主体とするが、機能は嘉手納と同一であり、リトルアメリカならぬリトル日本があり、同時に民間航空機の離発着飛行場ともなっている。近々第2滑走路が完成し、機能としては嘉手納にも劣らない重要軍事施設となる。しかし政府は商業用の民間航空の平和利用のみを強調して、空軍力の強化については委細発表していない。次節で論じるのは嘉手納と那覇の両地主会である。その状況説明の前段にこの飛行場の性格を事前に了解しておくことは、旧軍飛行場問題の性格をよりよく知る前知識となるので、あえてここで簡潔に述べておいた。

第2章　協議会結成前の沖縄における旧軍飛行場問題

（1）　パラシュート降下演習反対闘争
　イ　昭和25年、燃料タンク落下により、幼児死亡事故発生。
　ロ　昭和40年、トレーラー落下事故により、少女圧死事件。
　ハ　昭和54年11月6日、住民地域へのパラシュート落下事故。
　　この事故は地主会が組織されて以後の初めての事故であり、ここから読谷村を挙げての反対闘争が始まった。村長は時の米国大統領に直訴文を送る一方で、現地は古タイヤを燃やしたり、自動車の警笛を鳴らしたり、又上空高くタコを上げるなど創意工夫を凝らした戦術を駆使して、演習反対の意思表示をしてきた。昭和57年、日米合同委員会は落下傘降下演習場の移設の作業部会を設置し、また調査費の計上が図られた。昭和63年の演習は酷かった。過去9年の合計よりも多い降下訓練が行われた。村民は大会を開いて抗議を行い、決議文は在日米軍司令部や関係省庁に提出した。注：この時点では散発的な降下訓練は持続した。
（2）　緊急滑走路修復訓練反対の闘い。米軍基地として読谷補助飛行場はパラシュートの降下訓練だけだと理解されていた。しかし使用目的は実際は演習場、ハンザタワーの電波障害緩衝地帯、補助飛行場の三つであった。昭和61年10月17日、突然ブルドーザー等の重機と防毒面を着用した米兵が現れ、滑走路の路面を掘り起し、又埋める戦場さながらの演習を始めた。これは(3)の日米合同委員会で締結した覚書違反である。読谷村の各団体は演習場に隣接する地点にテントを設営し、10月21日から1か月に及ぶ座り込み闘争を敢行した。

米国領事館と那覇防衛施設局に対し、演習中止の要求行動のために、地主会は支部役員を招集して座り込み闘争への動員体制を確立した。老若男女がデモに参加して、トリーステーション前まで抗議行動を行い、役場職員は夜間座り込みを続けて勝利の原動力になった。

（3） トリーステーション前での抗議行動

平成2年6月19日、沖縄所在の米軍基地のうち日米合同委員会に置いて返還合意がなされた23施設のリストの発表があり、読谷はそのリストから漏れた。読谷飛行場は米軍司令官が、かつて、演習場として狭隘であり不適当であると認めており、既に跡地利用計画が策定された施設であること、更に現地は遊休基地化の上、演習場移設についても那覇防衛施設局との覚書も有り、返還リストに当然に記載されていると思われていた。「読谷飛行場の戦後処理及び転用計画実現要求読谷村実行委員会」は米軍の四軍調整官、米国領事館、那覇防衛施設局にリスト漏れを強く抗議した。無期限抗議行動を決定し、トリーステーション前で長期にわたる抗議行動を行った。

4. 全面返還への日米合意

当時の村長は平成3年7月から二度にわたり県知事に同行して、訪米直訴団の副団長として、米国政府及び軍首脳に直接の要請を行った。施設庁長官が動き、更には平成6年3月11日、日米安全保障協議委員会で、米国防次官は読谷飛行場について「近い将来進展が期待できる」と述べて早期解決を示唆した。その成果を踏まえ時の総

第2章　協議会結成前の沖縄における旧軍飛行場問題

理大臣が動き、平成7年1月、日米首脳会談で沖縄の三事案の一つである、読谷補助飛行場の返還を提案し解決の方向付けをした。その結果、去る5月11日の日米合同委員会で<u>県内移設の条件付きながらも読谷飛行場の全面返還</u>が合意された。しかし問題は残った。この全面返還の報道に接した時、<u>県内移設の条件</u>に釈然としないものが残ったが、返還運動を進めてきた地主会としては、長年の悲願が叶い大きな喜びを感じている。今後は会の最終目標である「旧地主」への土地の返還に向けて努力したい。

アンダーラインの文章に注：
お気づきのことと思うが、保守政権から野党に政権が移った時に、普天間飛行場の県内・県外の移設論争が起き、時の総理大臣は軽率かつ無責任と非難され退陣した。今あらん限りの強権を発動して保守政権は沖縄県名護市辺野古に新基地を建設中である。
次々に元米国国防関係の高官から暴露される日本政府の沖縄への基地偏在の新事実に接する時、沖縄人は果たして真の日本人であるのかとの基本的疑問を消すことはできない。戦前の救いがたいほどの沖縄蔑視はいまだ止むことが無い。

昭和天皇の「耐えがたきを耐え、忍びがたきを忍んで、日本国の独立のために沖縄を手放した」ご心情を真に理解し得た日本人はどれだけいるのであろうか。終戦の詔だけが耐えがたきを耐えた事象ではない。折りに触れ、昭和天皇は時の皇太子と皇太子妃に沖縄に御幸する代行のお勤めをお命じになった。このご心痛のお気持ちを忖度できず、未だに日本国民は安易な沖縄蔑視を当然視し、恬然とし

ているのであろうか。更に輪をかけた無責任な賢しらしい暴論がまかり通った。沖縄に対するトカゲの尻尾切り理論である。天皇は沖縄をトカゲのしっぽのように切り捨てたとのマヤカシの理論がまかり通った。それは双方にとってゆゆしき侮蔑である。天皇のみならず沖縄の民の痛みを忖度出来ない非常識である。27年近くに及ぶ異国の支配下から解放され、日本の施政権下に戻ることを沖縄の民は「祖国復帰」と呼んだ。銘すべしである。しかし祖国は沖縄の民を救えているのか。上記は筆者の「Well Educated Guess」であることも申し添えておく。

沖縄の基地過重負担は戦後70年を過ぎても未解決のままである。また読谷飛行場の代替基地として、なお伊江島にその落下傘降下訓練が継続されている事実を知ることは悲しい。そして平成29年の現在も伊江島の降下訓練の被害は後を絶たないのである。

5. 黙認耕作地裁判

読谷補助飛行場の返還「それは等価交換としての土地の交換で実現したことは前出」に伴い、新たな問題が浮上した。<u>最大にして最も厄介な難問であった。</u>それは黙認耕作者の存在である。沖縄には基地内に使用せず放置された土地がある。その土地は耕作しても良いとのルールが存在した。読谷飛行場内には相当数の黙認耕作者が存在した。彼等の大半は読谷村人以外の者が多かった。彼等が現耕作者の権利を主張して、土地は彼等に譲渡すべしとして裁判を提訴したのである。それではどんなルールであるのか検証したい。第24回地主会総会「2000年8月3日開催」に詳細がある。

第2章　協議会結成前の沖縄における旧軍飛行場問題

沖縄における黙認耕作は高等弁務官布令第20号(1959年2月12日)により発生した。その布令20号の(1―a 不定期賃借権)には「合衆国に緊急な必要が無く、また琉球経済の最上の利益に合致するならば、合衆国はその規定した条件のもとに賃借地を一時使用する特権を所有者またはその他のものに許可することが出来る」とあり、これが黙認耕作の発生の根拠になった。しかし厳しい条件が付いた。「ただし、合衆国は自由裁量により、何時でもこの特権を取り消すことが出来る」と規定した。布令第20号関連規則の「土地使用規則」の中で、米軍は「財産上の損害または人為的損害について責任を追わず、また被害者は賠償請求を合衆国に求めない」と定めた。読谷飛行場の黙認耕作に当たっては「本許可取り消しまたは満期より生じる農作物に対する損害につき賠償支払いはなされない」となっている。布令の定めでは、黙認耕作によって生じるいかなる損害および障害に対しても、黙認耕作者は賠償請求が出来ず、米軍は補償支払いはしないという厳しさであり、ましてや黙認耕作者に払い下げる文言はどこにも無かった。黙認耕作は米軍統治下において発生したものであり、日本復帰までには米軍の責任において解決・整理すべきであった。問題は未解決のまま、日本政府に引き継がれた。この問題はまさしく日本政府の責任で解決すべきである。

現行法規は復帰後の米軍用地内の耕作を次のように規定する。
　① その使用または収益をする権利は、合衆国が当該財産を返還した時に消滅する。
　② 使用・収益を中止または一時使用の許可取消しの場合に生

第1編　運動前夜

じる損失は、使用者はその補償を国に請求しないこと。
③　使用期間中に生じた必要費・有益費等については、国に請求しないこと。

その厳しい制約を無視して、黙認耕作者側は、二人の提訴人を立てて裁判に臨んだ。地主会はこれを契機に「読谷飛行場跡地利用促進連絡協議会」（以後連絡協議会）で黙認耕作問題の解決に向けて鋭意協議を重ね、平成11年6月8日、「読谷飛行場内黙認耕作問題解決要綱」を策定した。解決要綱は次の通りである。

◎　対象区域等
　①　「対象区域」とは、読谷飛行場のうち、昭和53年に返還された東側約78ヘクタール
　②　黙認耕作とは、国との契約に基づく権利なく、耕作または立木等の栽培「植栽」、畜舎、納屋、農機具小屋等の敷地として使用している状況。
◎　四者の措置
　①読谷村は黙認耕作地の測量、図面作成、調査、台帳作成を行い、黙認耕作地の解消を図る交渉を行う。
　②沖縄総合事務局は、境界画定、境界杭設置のほか土地有効利用を図る観点から読谷村の交渉の結果を受け、法令の定めるところにより適正に対処する。
　③那覇防衛施設局は、総合事務局が行う作業に関し、協力する。
　④沖縄県は「読谷飛行場転用基本計画」が、沖縄振興開発計画に則って推進されるよう、村と協力して跡地利用計画の

第2章　協議会結成前の沖縄における旧軍飛行場問題

策定及びその実現に努める。

以上の解決要綱の決定を受け、大蔵省の係官は今後、鋭意作業を推進すること、連絡協議会は半期に一度のペースで行うと述べている。この解決要綱が対象とする飛行場東側の返還部分は、総合事務局財務部は黙認耕作がついたままの返還であると言い、那覇防衛施設局は、米軍の軍用地返還と同時に総合事務局に引き継いだと主張する問題含みの区域である。しかし四者が共同で問題に当るとする今回の連絡協議会の設置と役割は大きい。

注：ここまでが主要な総会記録である。その後にこの四者協働を象徴するように問題は確実にクリアされていく。この黙認者耕作問題は総合事務局が中心となり、最終的な決着を見て長い裁判は終息した。

6．その他

最後に番外編とでも呼ぶ小さな反乱についても言及しておく。これは後述する那覇市地主会の問題解決に伴う、想定外の裁判問題にも類似した事例だからである。

読谷地主会を援助するために役場は助成金を拠出していた。それが役場の公金乱用であるとして一人の村民により裁判問題に発展した。読谷村役場は読谷村補助金交付規則に基づいて、20年余にわたり地主会に年額50万円の助成金を拠出していた。それが違法だとして提訴されたのである。前後の物語を端折る。平成11年2月24日提訴、判決は平成12年3月7日結審。判決主文は次の通り。詳細は省く。

1. 原告の公金支出の無効確認及び各訴えはこれを棄却する。
   2. 原告のその他の請求を棄却する。
   3. 訴訟費用は原告の負担とする。

「読谷飛行場は読谷村の中心部の広大な敷地にあって、右飛行場用地が返還されれば、その土地の有効利用により読谷村全体の経済発展につながる可能性もあることなどからすると、地主会の活動によって、旧地主でない読谷村民も間接的には利益を受けることが出来る」と棄却理由を述べている。

まだある。地主会の行動と方針が、独断専行であるとして、文書による戒告がある村外に住む旧村民によって提出された事件である。行動もせずして自らの身を安全な場所に置き、日夜営々として巨大な組織に挑戦し、難問題に取り組む一群の真摯な村民を糾弾する姿に怒りさえ覚える。勿論地主会はその誠実な態度を十全に示して、かの場外の村民に丁寧な反論と釈明文を提出したことは申すまでもない。

これで一つの区切りとして読谷村の運動史の概略を終える。

第7節　嘉手納地主会の問題提起と争点

はじめに

正式名称は「嘉手納旧飛行場権利獲得期成会」と称する。（以後―嘉手納地主会とする）

当該地主会は紆余曲折はあるものの、彼らの最終要望は現在嘉手納飛行場の滑走路部分に限定した、14万坪余の今は国有地となっている土地に対する権利獲得の運動であった。運動の端緒からこの地主会は政治的な手法を選択せず、長い10数年に及ぶそして絶望的な裁判闘争の末に敗れ、事実上の闘争は終息した。しかしその後も彼らは八重山の白保地主会と共同で、果敢に裁判を試みて行くが、いずれも敗訴に敗訴を重ねて今日に至っている。何が彼らを敗残者に仕立てあげたのか。それが例のあの閻魔帳の役割を果たした筆者が不磨の大典に例えた「大蔵報告」であった。通常の官僚の手になる精緻で難解な文面とは無縁の、杜撰で粗野で正確を欠く文章も、所詮は公文書であったことを再確認させられるのである。最高裁判所はこの大蔵報告を唯一の拠り所として、嘉手納地主会の訴えを断罪した。以下は判決文である。

1．嘉手納裁判

　先ず最高裁判決の主要文面を以下に掲げる。

　平成3年（オ）第1294号
　　　　　　　　　判　　決
　上告人　　嘉手納地主会代表個人他1名と訴訟代理人弁護士6名

被告人　　国
　　　　　国代表者　　法務大臣

右当事者間の福岡高等裁判所那覇支部昭和60年（ネ）第56号所有権確認等請求事件について、同裁判所が平成3年5月30日言い渡した判決に対し、上告人らから全部破棄を求める旨の上告の申し立てがあった。よって、当裁判所は次の通り判決する。

　　　　　　　　　　　主　　文
本件上告を棄却する。
上告費用は上告人らの負担とする。

　　　　　　　　　　　理　　由
上告代理人Ａ他3名の上告理由について
上告人らが本訴においてその選定者ら各自の所有地であると主張している土地と右選定者ら又はその前主らが戦前戦中に所有していたと主張している土地との同一性を認めることができないとする原審の判断は、原判決挙示の証拠関係のほか、沖縄県の区域内における位置境界不明地域内の各筆の土地の位置境界の明確化等に関する特別措置法（昭和52年法律第40号）の規定の趣旨及び原審における上告人らの主張に照らして、正当としてこれを是認せざるを得ない。また、本件各土地が昭和19年当時、旧中飛行場用地として国によって買収されたものとする原審の認定判断は、原判決挙示の証拠書類に照らして是認することができ、その判断の過程に所論の違法があるとはいえない。したがって、右違法のあることを前提とする所論

違憲の主張は、失当である。所論引用の判例は、事案を異にし本件に適切でない。論旨は、原審の専権に属する証拠の取捨判断、事実の認定を非難するか、又は原審の認定に沿わない事実を前提とし、あるいは独自の見解に基づいて原判決の法令違背をいうに帰し、いずれも採用することはできない。

よって、民訴法401条、95条、89条、93条に従い、裁判官全員一致の意見で、主文の通り判決する。

最高裁判所第三小法廷
裁判長以下裁判官4名

－－－

上記判決は沖縄では大きな反響を呼んだ。これほど完膚無き敗北を沖縄の民は想定していなかった。耳目を集めた高裁提訴の前段の理由が存在するからである。そこには一つの和解案が提示されていた。以下はその和解案の全文である。

昭和60年（ネ）第56号
　　　　　　　　和　解　勧　告　書
控訴人　　地主代表A

被控訴人　国

右当事者間の当庁昭和60年(ネ)第56号土地所有権確認等請求控訴事件について、本件事案の特殊性に鑑み、当事者双方の主張、立証がほぼ出揃ったと考えられる現段階で、当裁判所は次のとおり和

解案を提示し、当事者双方に検討を求める。

和解案の骨子
一　国は、本件係争地の所有権が控訴人ら（選定者を含む）にあることを認める。
二　控訴人らは、
　　　1　和解成立時までの賃料相当損害金等請求権を放棄する。
　　　2　国のため賃借権を設定し、占有の回復は求めない

和解勧告をする理由の要旨
一　本件係争地につき、控訴人ら個々の所有権が認められるかどうかは別として、本件係争地は昭和19年当時、全体として控訴人らないしその先代が所有していたものであることは間違いないものと思われる。
二　本件において、売買契約締結を証明する直接の証拠はない。
三　昭和19年当時の沖縄の社会情勢から見て、仮に国が主張するような売買契約が締結されたとしても、それは戦時下における特殊な情勢に基づくもので、任意に、通常の経済取引として行われたものとは思われない。
四　僅か一年足らずの差で、米軍占領により嘉手納飛行場に組み入れられた土地の所有者と比較した場合、あまりにも不公平であり、何らかの形で是正されるべきである。

昭和63年12月6日
福岡高等裁判所那覇支部民事部

第2章　協議会結成前の沖縄における旧軍飛行場問題

裁判長裁判官　　氏名略

―　―　―

これほどまでに明快で、他に解釈の余地のない和解案が存在するとは思われない。だが国は執拗であった。この裁定を下した裁判官は更迭にも等しい人事異動で沖縄を去った。その時点で高裁判決は勝負が決していたのである。因みにその裁判官は定年を間近に控えて沖縄に赴任した生粋の沖縄県人である。まだある。最高裁は嘉手納裁判において信じられない人事異動を発令する。嘉手納裁判の裁判長に、訟務検事出身者を福岡高裁の裁判官に任命して、国の意向に添う判決を下させたのである。退任に際し、この裁判長は嘉手納裁判を忸怩たる思いで回想している。良心に従い公正中立を旨とする裁判官の誇りは何処に消えたのであろうか。忸怩たる思いのする裁判で己を空しくして国家に尽くす。それは虚無に過ぎない。何故国はそこまでして嘉手納裁判を敗訴に追い込んだのか。

嘉手納は当時から押しも押されぬ、米国空軍が誇る東洋随一の「浮沈母艦沖縄島」の要中の要である。その要衝で所有権問題が勃発し、波及効果が他の旧軍用地に及ぶことを国は最も懸念している。国には明らかに不手際があった。もっと緻密な報告書を作成するべきであった。何故あの杜撰な大蔵報告が作成され、そしてそれを押し通さなければならなかったのか。抵抗する側の人間としての筆者の目から見ても解せない。ラプリンスは所詮ラプリンス「迷宮」である。筆者如き凡人には官僚の知恵は思い至らない。

解せないことはほかにもある。それは国側に有利なように判決を下す裁判官の存在である。日弁連はその懸念を次のように表明している。平成8年3月18日とその他の期日に沖縄地元紙に掲載された官・検交流に対する「揺らぐ司法への信頼」のフィチャー「特集」である。日弁連は1986年11月「裁判官と法務省との人事交流に関する意見書」を発表し、「民事裁判官と訟務検事、刑事裁判官と捜査・公判検事が期間を定めて相互に転官することは、司法に対する国民の信頼を損なう恐れがある」として是正を図るよう提言、最高裁に申し入れた。訟務検事とは、訴訟を担当する法務省職員のうち検事の資格を持つ者で、国を当事者とする訴訟で指導的立場にある。

地元紙の記事は次のように警告する。沖縄においてこの人事の意味するものは何か。それは沖縄の国を相手とする基地関係訴訟に不利に働くことである。訟務検事出身の裁判長に特に不信を持たれたのが、嘉手納基地土地所有権確認訴訟控訴審であった。原告「嘉手納地主会」は一審で敗訴、その後の控訴審では裁判所が原告に有利な内容で和解を勧告、国は拒否、その翌年、89年6月に裁判長を5年間の訟務検事経験者に代え、2年後にはその裁判官により嘉手納地主会は敗訴。当時の嘉手納町長はその裁判長が訟務検事だと分かっておれば忌避したと語ったとある。それでは後の祭りである。この事例で分かるように国側の人間がある日、中立を守る立場の裁判官になるのは傾向として国に有利な判決を下す。これを日弁連は最も憂えた。そして事実となった。三権分立は官僚大国日本では有名無実になっている。

最後に嘉手納地主会が地元紙に掲載した「嘉手納飛行場の滑走路として米軍が使っている土地は我々のものであり、終戦直前に旧陸軍が強制接収したものである」の大見出しで、控訴審敗北に反論する新聞紙四分の三を使用した2000年（平成12年）7月12日の記事から気になる要点を取り上げ、嘉手納地主会の項を終わりにする。嘉手納地主会は政治的解決を潔しとせず、裁判闘争に持ち込んだ戦略や戦術が賢明であったのか、無謀であったのか批評する立場も勇気も持たない。現在は2017年末である。時節の流れの中で通観するときに、ここに確かな戦後を生き抜いた沖縄の民が実在した事実に頭が下がるのみである。

新聞記事の内容に戻る。
戦時補償特別措置法（昭和21年法律第38号）第60条第1項）に「国に対して土地を譲渡し、その対価の請求権がある場合、国はこの法律施行の際現に当該土地を有する場合に限り、旧所有者の請求により当該土地を現状において、これらの者に譲渡しなければならない」と土地代価の請求権があれば、旧地主に土地を返還する措置が取られているが、附則により沖縄は同法の施行除外となっている。施行除外の附則は、これらの判例から、憲法違反と考える。
即ち、日本国憲法第98条（憲法の最高法規性）に関し、次の判例がある。
一　旧憲法下の法律は、その内容が新憲法の条項に反しない限り、新憲法の施行後も効力を有する。（最大判昭23年）
二　本条は、憲法施行の前後にかかわらず制定された法律等の有効であるか否かを決定する基準を示す規定である。（最大判昭25年）

これらの判例から憲法施行の前後にかかわらず、制定された法律は憲法に違反した場合、その違反した部分は効力を有しない。何故なら沖縄は昭和27年に締結された平和条約により琉球諸島の領有権放棄までは、日本国民として憲法で保障された諸権利を有しているからである。従って判例からして特措法の附則は沖縄県という一地方公共団体に対する法律適用により憲法95条に違反し、沖縄県民に対する不平等取扱いにより第14条「法の下の平等」に違反し無効と解され、当時の沖縄県民にも特措法による救済を受ける権利が必然的に付与されたはずである。沖縄県民がその権利を行使していないのは当時の政治的制約によるものであり、本問題は戦後処理の一環として戦時補償特別措置法に類する特別法の律法等により、措置されるべきと考える。

上記が新聞掲載の抗議文乃至は高裁判決への反論である。この反論がいかに正鵠を得ていたとしても、裁判の前に政治的に解決する道が模索されなければならなかった。復帰対策要綱でも旧軍飛行場問題は既出の通り、諮問会議の提言になりながら鶴の一声で脱漏した。そこに一つの不幸を見ることになったのは名状しがたい損失であり不幸であった。

最後に地主会による平成11年編集の「スクラップブック」に触れて敗残の歴史を終える。敗訴後一年近くも地主会は活動を停止している。ピンクのA4判の表紙を有し、ページ数が86である。スクラップであるから新聞の切り抜きを主体に構成し、最後に当時の琉球大

第2章　協議会結成前の沖縄における旧軍飛行場問題

学学長の論文が掲載されている。昭和52年の提訴に始まり同60年敗訴／福岡高裁へ提訴、同63年和解案の提示となるが、平成3年再び敗訴、そして直ちに上告、平成7年最高裁上告棄却とその歴史は痛ましい。それが年代を追って克明にスクラップされている。裁判に要した期間が実に18年、そこで嘉手納地主会が得たものは何であったのであろうか。徒労のみとするにはあまりにも空しすぎる。

協議会結成後も「旧軍飛行場用地問題」が第四次振興計画に記載された折り、嘉手納は白保と共にその労に感謝しながらも、再び所有権回復の道を歩くことになり、複数回の裁判を起こしながらいずれも敗訴している。土地とは何か。所有者はだれか。何故その土地が特定の人間又は機関／団体に帰属するのか。その帰属をめぐり、人類はユダヤ人の歴史概念の発明以来、壮絶な戦いを繰り広げてきた。19世紀は帝国主義の時代であったが、その本質は土地の簒奪のための抗争であった。「植民地」の単語のまがまがしさに人類は鈍感になっていた。そして第二次大戦後に今なお残る国際連合の「信託統治」は事実上形骸化した。それでも21世紀になった現在も、中近東では領土の争いが絶えない。アフリカもしかりである。「国有地になった」「いや売ってはいない」この単純明快な事実が、国家的観点から歪曲されて、僅かな土地にしがみついて生きてきた、沖縄の民の土地への執着をどう国家は補償するのであろうか。これが旧軍飛行場問題の主要な論点であり、ある意味での土地闘争であった。しかし国家も地方政府も賢しらな地方のシンクタンクも、いずれも沖縄の旧軍地主会の心底に膾炙した解決をできなかった。嘉手納地主会はこれからどこへ行こうとしているのであろうか。

第1編　運動前夜

第8節　旧軍那覇飛行場用地問題解決地主会の活動

　嘉手納地主会の敗北を他山の石として、旧軍那覇飛行場用地問題解決地主会は発足した。以前からあった地主会はその名を「旧那覇飛行場所有権回復地主会」と称し、他の地主会と歩調を合せるような所有権回復を意図する名称であった。那覇地主会は実質的には那覇市と合併する以前の旧小禄村字大嶺の所有権回復地主会が新しい出発を決意して名称変更したものである。この旧小禄地域には旧軍関係地主会が二団体存在したが、一方の地主会は那覇地主会の呼び掛けには応じず独自路線を行った。従ってここでは那覇飛行場用地問題解決地主会について論じることとなる。

　本論は繰り返しになるが旧軍問題解決促進協議会の運動史である。従ってここで記述するのは読谷そして嘉手納と那覇の旧軍用地地主会に限定した。協議会はこの三地主会の結束により発足したものであるからである。その後に加入したり離脱したりと離合集散を繰り返した地主会や傍観していた地主会はこの編から除外してある。

その一　旧日本軍接収用地調査報告書
　　　　昭和53年　沖縄県総務部総務課より117ページ那覇飛行場
　　　　（那覇市）から

県の調査報告であるから全文を掲載して論点の基礎資料としたい。

1．接収の経過
（1）接収の時期

この空港は、昭和8年旧日本海軍により小禄海軍飛行場として設置されたが、昭和11年当時の逓信省航空局が内地と台湾間に定期航空を就航させるため、其の中継基地として約4万坪を買収拡張し、那覇飛行場として軍民共同使用していた。その後、戦時において、旧日本軍が飛行場を拡張するため土地を接収したのが、昭和16年から昭和19年にかけてであったという。

（2）接収の方法

土地の接収方法については、接収予定地に旗を立てて測量がなされた。地主には役場から区長を通して買い上げの説明がなされた。しかし、地主たちは不服ではあったが、軍の命令だからという事で承諾したとのことである。

（3）接収の規模

この土地の面積は、昭和16年が筆数94筆、面積28,940坪、昭和17年が筆数2筆、面積1,109坪、昭和18年が筆数551筆、面積197,467.7坪、昭和19年が筆数4筆、面積1,783坪、その他不明が筆数180筆、面積48,397.01坪となっている。これ等の合計は地主数358人、筆数837筆、面積277,696.71坪となっている。

（4）土地代又は補償金

買上げ状況は、昭和16・17年頃までは買い上げの際の条件等

は無く、価格その他についても軍により一方的に査定されて買い上げが行われている。当時は、貯蓄運動が叫ばれていた時代で、直接現金による支払いはなされず、補償金等は強制的に産業組合の貯金に廻されている。大多数の地主は産業組合に預金したまま終戦を迎え、事実上、何等の保障もなされていない。①<u>また昭和18年以降については、補償金の支払いがなされたかどうか、はっきりしない状態である。なお、土地代又は補償金受領の有無については受け取っていないと言う者240人、分からないと言う者108人、回答なし10人となっている。</u>

論点①
補償金の支払いがなされたかどうか、はっきりしない状態とある。奥歯にものの挟まった物言いである。しかし当時の調査対象者は異口同音に売買契約や、その代金の支払い、農作物や家屋そして畜産動物等への補償金等の受給は無かったと証言している。
その証言を証するように売買に関する証拠は国関係組織では一切見当たらない。それは大蔵報告の通りである。この問題提起のために最初の所有権回復地主会は組織され、県単位の協議会設立に中心的役割を果たした那覇旧軍用地問題解決地主会へと質的転換を図っていくことになる。

2 戦後の経過
昭和20年6月、米軍の沖縄占領とともに、飛行場もその管轄下に置かれ、大々的に拡張整備され、ほぼ今日の姿となった。そして

第2章　協議会結成前の沖縄における旧軍飛行場問題

昭和23年には米国施政権のもとにおいて、外国民間航空が乗り入れを始めたが、わが国の民間航空事業も逐次発展するに伴い、昭和29年には国際線として、定期便の就航が認められてきた。昭和47年5月15日、沖縄の本土復帰に伴い、この長い間の米軍管理の手を離れ、運輸省が所管する第2種空港に指定され(運輸省告示第236号)名称も那覇空港に改められて、ここに国内幹線空港としての地位を確立し、直ちに供用が開始され、今日に至っている。

ここまでが概要である。続いて個人調査の実態が21ページにわたって克明に掲載されているが割愛する。以上が県調査の概要である。

その二　現　況
現在那覇空港はこの場所に戦前住居を構えた大嶺住民の縁を求めることは不可能である。一点を除いて。それは御嶽の存在である。御嶽は些か荒廃しているが原型を想像することは可能である。この御嶽一帯は旧軍も運輸省とりわけ自衛隊も手つかずにしておいた。それには秘話がある。この一帯は原爆を搭載できるミサイル基地であった。
ごく最近ＮＨＫはこの那覇空港で核搭載のミサイルが暴発して海中に突っ込み、勢いで一人の兵士が死亡した信じられない事実を特集した。それが手つかずの原因である。1950年代の話である。ただし一時は自衛隊の高射砲部隊が米軍から施設を受け継ぎ駐屯している。

戦前の大嶺部落は飛行場の西側突端に居を構える漁業関係者を中心に、内陸部には南西諸島唯一の飛行場を取り囲むように、農民が耕

作する肥沃な農地が広がっていた。典型的な沖縄の半農半漁地帯であり、旧小禄村の11部落の中でも最も豊かな部落であった。多くの知名士も輩出した。それが米軍の占領下で朝鮮戦争の勃発と共に、強固な軍事空港に造り直されたのである。その際に残りの部落民もそして他の字の部落民も現空港一帯から全て立ち退きを強要された。一掃されたのである。

大嶺を回想する一文がある。『大嶺の今昔』と題する字史に当時の県議であった先達の随想である。抜粋して紹介する。
「海上の左前方には豊見城村有地の瀬長島があった。そこは一種の霊地であり、大嶺を経由して参拝に行くものが多かった。夜になると毛遊びの本場となり、三味線や太鼓の音が聞こえ、大嶺の青年男女を呼び寄せたものである。大嶺は遥か洋上に慶良間の島々を眺望できる、保養と生活の場を兼ねた風光明媚な場所であり、村の中央には常緑の琉球松の繁茂する丘陵地帯と、西北にも丘があった。中央の森を背景に海に沿って住宅地があり、住宅の東南と南側には肥沃な農地があった。大嶺の村民はこの自然条件を生かして農業と漁業で生計を立てていた」（240ページ）

指呼の間に瀬長島がある。この島をどのように取り込み第二滑走路を築くのかで最後まで計画はもめた。結局沖合展開案が採用された。瀬長島は今ではホテルを有するリゾート的様相を呈している。以下は詳細である。

その後の「正確には－復帰後の」国は、那覇飛行場の拡張計画に余

第2章 協議会結成前の沖縄における旧軍飛行場問題

念がなく、間もなく拡張の二大計画を発表した。一つは現飛行場の規模の拡大である。詳細は沖縄総合事務局の1999年発行のパンフレットにある。折りたたんだら12ページにもなる巨大なカラー図面である。この計画の主眼は滑走路の拡張工事であり、巨大なエアターミナルの建設である。あのみすぼらしい那覇飛行場は拡張計画により一新され、第二種空港として再出発した。

重複を厭わず同パンフレットの記載する沿革の一部を要所のみ紹介する。

「那覇空港は、昭和8年、旧日本海軍により小禄飛行場として設置されたのが始まりで、その後本土と台湾を結ぶ中継基地として整備拡張され、軍民共同で使用されていた。昭和20年6月、米軍の占領と共に小禄飛行場もその管理下におかれ、大規模な拡張工事によって今日の空港にほぼ近い形となった。復帰と共に運輸省所管の第二種空港に指定され、第二次空港整備計画に組み入れられた」そして次のように拡張の経緯は続く。以下要約。

1. 沖縄海洋博覧会対応のため、暫定ターミナル地区の整備、滑走路改良、誘導路新設等の基本施設を中心の工事が行われた。2700メートルから3000メートルに滑走路は延長された。
2. 昭和62年開催の沖縄海邦国体に向けてターミナル地域の整備を実施し、新国際ターミナルビル、第二国内線ターミナルビルの完成と貨物地区駐車場の整備を行った。老朽化した滑走路等のかさ上げ工事や、その他の施設整備の改修等を実施した。
3. 平成4年には分散したターミナルビルを統合した整備計画を策定し、平成11年5月に完工し、現在のターミナルビルの供用が始まった。本空港は沖縄県の政治・経済の中心地である那覇市

の南西5Kmの位置にあり、②沖縄県内離島のハブ空港とし、日本本土や近隣諸国を結ぶゲートウェイ空港として、今後とも空港機能の拡充を図っていくことになる。

論点② この空港拡充の文言は、やがて平成12年3月の沖縄県の手になる「那覇空港拡張整備基本調査」として結実し、第二滑走路工事が始まるのである。本報告書については次に詳述する。

施政権回復後、国が最も力を入れた政策が10年を一期間とする「沖縄開発振興計画」である。復帰と共にその計画は発足し、第三次計画までは開発の名が冠せられたが、30年も経過して開発はもう必要ないと判断され、第四次計画ではこの開発の文字が消去されている。通観すると多くの巨大なインフラ整備事業が実施されたが、最重要計画が飛行場の整備計画である。そして一次計画は終了し、いよいよ沖縄振興計画の集大成である第二計画に突入して行くのである。それが第二滑走路増設計画である。

その三 那覇空港拡張整備基本計画の概要について
1） 第二滑走路計画の策定と那覇地主会の時代背景
　高度経済成長で一時は世界第二位の経済大国となった時代に、沖縄の「当時の用法では琉球」施政権は日本国に返還された。軍事優先の施策が27年近くも継続した琉球の経済社会そして教育的環境は、目を覆いたくなる惨憺たる状況にあった。せめて他府県の最低ライン到達を目標に政府は振興開発計画を急いだ。即効的効果を創出するために海洋博が開催され、当時とし

ては6か月の短期間で、未曾有の300万人の他府県からインバウンド客を招致し、県経済の活性化の導火線とした。今では観光業は県民生産の六割を占めるまでに成長した。その計画の中で那覇空港の重要性は日毎に増大して行った。

同時に振興計画の進展と共に戦後を修復する事業も確実に進行していた。それを人は安易に「戦後処理」と呼んだ。今の筆者はその用語用法に組みしない。この用語は安易に過ぎると考える。しかし旧軍飛行場の偏在する地方の地主会は、こぞって戦後処理としての所有権回復を求めるとして、各地で固有の声を上げたのである。それが沖縄諸島に散在した旧軍地主会である。しかし政府には大蔵報告という伝家の宝刀があった。その宝刀の前では沖縄各地の地主会の所有権回復の運動は無力であった。

那覇もまた嘉手納と同様の問題を抱えていた。嘉手納は米国空軍の最強の基地であり、一方那覇は商業空港と自衛隊の戦闘基地の「二足の草鞋」を履く特殊空港である。実態として所有権の回復は夢物語であった。しかし何らかの戦後補償「戦後処理ではない」は国に求める権利はあると那覇地主会は考えた。何故なら昭和18年以降の国と地主の売買契約は、どの政府機関に問い合わせても、大蔵報告にあるようにその証拠は見つからず、面積は県調査報告書と地主会調べは16万坪余に及ぶからである。だが増大する空港の経済的効力は所有権回復など一つのセンタメンタルバリューとして排斥する魔力があった。那覇地主会は組織の一新を図った。しかし沖縄県協議会発足までは

旧名を冠した地主会が必要であった。地主会の勢力を糾合する必要があったからである。
2) 那覇空港拡張整備基本計画「報告書」の概要
　　平成12年3月　沖縄県
本冊子は白表紙の35ページに及ぶA4サイズの概要版である。那覇空港の基本的位置付けとその重要性が理解出来ればそれで十分である。本調査は株式会社日本空港コンサルタンツに委託したとある。概略は下記の通り。
（1）　全国総合開発計画における那覇空港の位置付け
　　21世紀の国土作りの基本的考え方として、多軸型国土構造の形成をめざす太平洋新国土軸に沖縄県が含まれている。特定課題として基地問題を抱える沖縄の振興が挙げられ、平和交流拠点、国際協力拠点として多元的交流の場とし、その形成には観光産業の振興が重要であるとする。ページ1。
（2）「地域別整備の基本方向」では太平洋・平和の交流拠点として、特色ある地域の形成を目指し、国際貢献活動や経済、学術、文化等の交流の基盤として、その拠点として那覇空港や那覇港の整備と、そのアクセスを容易にする交通基盤の整備を推進する。ページ2。
（3）　地域振興を具体化する戦略的な拡張整備の必要性
　　例として三機能を上げている。分かりやすくするため筆者で加工する。（1）がパシフィック・クロスロードにおけるゲートウェイであり、那覇空港が沖縄振興の中軸的基盤であり、国際機能を有するとした。（2）は国際クーリエハブ機能である。これは国際航空宅配便集散機能と訳する。クーリエ取り

第2章 協議会結成前の沖縄における旧軍飛行場問題

扱いを専門とする航空会社の誘致には現状のターミナル地域施設では不可能であり、本格展開には適切な空港施設の整備と複数滑走路、上屋、エプロン、誘導路の拡充が求められるとした。注：ここで現在の滑走路と平行に設置する第二滑走路の伏線がある。（3）は国際コミューター航空機能で、これは小型機による近距離国際航空ネットワークの構築を目的とする。中国沿岸部、台湾路線がある。ページ3と4。

(4) 平行滑走路（第二滑走路）の建設

基礎調査は難航を極めている。どの方向に新設滑走路を設けるかで、自然環境条件、社会環境条件等を総合的に考量して結局沖合展開に決した。それは現在の滑走路に平行して西側地域に南北に走る3000メートル級の滑走路を建設することである。行く手には漁業権や潮流調査や埋蔵文化財などのハードルがあった。

注：全体の要約でありページ算定は出来ない。

筆者注：意外と知られていないのが、民間に隣接した自衛隊のパトリオットミサイルパッドの存在である。この施設は国道331に隣接しており、その民間との至近距離について問題は生じていない。住民がその実態を知らないのか、又は、安全性が是認されているのかはよく分からない。中学生の頃である。該当地には米軍が燃料タンクを建設するために、近隣の具志部落の農地を収用して社会問題になった。土地問題四原則貫徹運動の前後である。土をかぶせたそのタンク群はその形状を今でも容易に窺い知ることが出来る。

第9節　第一編の要約

旧軍飛行場用地の沖縄における問題を理解するには幾つかの前提条件が必要であった。先ず他府県の処理事例である。何故土地は収用されたのか、なぜ戦争は不可避であったのか。どのように旧軍用地は解放されたのか。そして飢餓に悩む日本帝国の大東亜共栄圏構想の虚偽に翻弄された、日本国民の甚大なる人的・物質的・精神的損失を鑑みるときに、その過去は必然であったのか。避けられ得たのか。まさに百家争鳴の論議があった。そして時代と共に不都合な真実は忘失されていき、時の権力や学閥等により、時代の真実の濃淡が恣意的に決められていく。時代は学問享受の格差と貧富の格差そして何より精神的支柱の喪失が、日本の国家的危機にも関わらず、日本人の関心はその事実に向かおうとはしない。官僚大国は健在である。保守政治家は己の利益の追求に余念がない。果たして日本国はそのままで良いのか。小さな運動を通して筆者は人生の黄昏と共に、日本国の黄昏をも憂えるものである。それは杞憂に超したことはない。

運動史のための資料の収集にはおのずと限界がある。必要以上でも必要以下でも意を尽くすことはできない。何処までが運動史の前提条件になるのか。それも定かではない。しかし確実に言えることがある。それは叶わぬまでも故郷を取り戻そうとする先達たちの情熱が、国家に一定の衝撃を与えた事実である。土地接収の被虐の怨念

を機械的に土地の売買に還元し、戦争の罪科は問題解決の俎上に上ることも無く、己の置かれた立場を正当化するような官僚の一連の動きは何らかの制御が必要であろう。昨今の大学設立を巡る土地の売買でも、官僚の忖度問題が会計検査院で疑問視された。

また第二編以降にみる沖縄県と旧軍地主会の所在する市町村の、問題解決に至る会議等の稚拙さにも大いなる疑問を提起する。勿論大蔵報告や所轄官庁の陰が色濃く存在する問題解決に至る過程にも、唯々諾々と自主的服従を受容する態度にも、戦後をどう見つめるのか真摯な姿が認められない。所有権回復も一つの解決手段である。そして補償を求めるのももう一つの手段である。何が正しいのか。社会事象には絶対的な解は無い。戦後処理の言葉通りに問題が解決したとは地主の誰もが思っていない。

国敗れて山河あり、城春にして草木深し。今日も多くの沖縄の民が憂える米軍が誇る（ミサゴ）が沖縄の上空を我がもの顔で飛び回る。基地は拡充される。しかし再度言う。沖縄には大嶺部落にしか飛行場は存在しなかった。それが南西諸島で敗戦末期に30もの飛行場が設営され、以後沖縄に飛行場があるのは当然視されている。那覇飛行場の拡張も裏には強固な航空自衛隊の戦力保持がある。確かに県経済に貢献する度合いは二つの滑走路の使用により、より活性化するであろう。しかし表裏関係で自衛隊の戦力も格段に増強されるのもまた事実である。第二編以降の記述で筆者の苦悩が破綻しないことを警戒する。ここで第一編のまとめとしたい。

第2編
協議会活動と成果

第1章

旧軍飛行場問題発生の萌芽

第1節　戦後処理とは何か

沖縄には生活に密着した不思議な単語が現存する。政治・経済・社会または歴史的にごく普通に使用され、書籍やマスメディアに登場するさして珍しくない単語である。沖縄を除外すると日本全土において実態としてはその言の葉は存在しない。それが戦後処理なる抽象名詞である。しかしながら日常的に使用されるとその言葉自体がまるで生き物のように普通名詞化するから不思議である。現在沖縄における戦後処理は、不発弾処理と戦後米軍に強制収用されて地番が不明確となった、軍用地の地籍確定作業においてごく普通に使用されている。だが僅かに数年前には地籍確定作業に代わる戦後処理の事業が存在した。それが旧軍飛行場用地問題（以後―旧軍問題）の戦後処理事業である。旧軍問題は優れて沖縄固有の土地問題である。猫の額ほどの小さな沖縄本島は全日本の国土面積の0.7％程の

面積しかない。その沖縄本島だけで米軍基地の面積は日本本土を含めた全体の70％になんなんとする。戦後70有余年を経た現在も一定の土地は簒奪され国有地と化したまま、基地としての機能を十全に果たしている。つまるところ収用された土地は元の所有者に帰らず沖縄の戦後は終息していない。

第2節　沖縄における軍用地の所有形態

基地使用と存続維持のための土地所有形態には二種類がある。借り上げた土地の借地権行使と太平洋戦争の最中に収用の名目で簒奪され国有地となった土地の併用である。沖縄県民にとり土地は死守すべき自立と地方再生の基盤であり、生きる希望であり、末代まで継承していく唯一の物的財産である。その父祖伝来の土地に土着して生成発展してきた沖縄特有の文化・教育・伝統芸術は経済社会の土台として沖縄を支えてきた。それゆえ土地は沖縄の民の全ての活力源でありそして希望である。われわれは旧軍問題を介して沖縄の軍事基地のあるべき姿に想いを馳せてきた。その想念は空中高く宙吊りになったままだ。

戦後処理（筆者の用語では戦後補償を使用する）を促進するための旧軍問題は、当初所有権回復運動として展開されたが挫折を経験した。われわれが新たに採用した運動方針と、さらには解決に向けて決断した現実的選択への方向転換は、設定したタイムリミットに拘束されて国の解決案を受諾せざるを得ず、戦後処理は果たして納得と満足のいく解決であったのか疑問無しとしない。

第3節　運動の誤謬

われわれには幾つかの過誤があった。一つが問題解決を沖縄振興計画に基づき処理する方法であった。土地問題が本質を離れて換骨奪胎され、更には土地補償が収用地の市町村の慰藉事業にすり替えられた。旧軍問題が沖縄振興計画の本来の目的に当初からなじまない異質の問題であることをわれわれは喝破できなかった。国は先見の明のない未熟な運動を透視するように、われわれの要請をすんなりと振興計画に取り入れたのである。第四次沖縄振興計画の第2章「振興の基本方向」の9ページにおいて「さらに、戦後処理問題についても、引き続きその解決に向けて取り組む必要がある」と明記し、具体的な内容を17ページに敷衍した。「また、沖縄における不発弾処理や旧軍飛行場用地など戦後処理等の諸問題に引き続き取り組む」と明記したのである。戦後処理は沖縄特有の現象として普通名詞化した用語で登場している。換言すると独立国日本には戦後処理事業が存在し「最早戦後ではない」と、経済白書が高らかに宣言したあの高揚感は、沖縄には存在しないのである。次から次へと登場する戦後処理事業は、敗戦後70有余年を経た現在でさえ、沖縄に牢固として存在する事実に、日本国民は強い関心を持つべきであろう。

第4節　沖縄における戦後処理事例

この振興計画の文言に反映された戦後処理事案には幾つかの事業がある。学童疎開船對馬丸の沈没に伴う鎮魂／慰霊の事業である。對馬丸は米海軍の駆逐艦の魚雷攻撃で被弾沈没し、多くの疎開途中の学童や父兄が溺死した。八重山では軍命により移住した辺境地区で、マラリヤの猛威に無抵抗のまま、沖縄の民が次々と死んで行った。そのマラリヤ罹患死亡者の記念館が石垣には悄然と存在する。また第32軍を主力とする沖縄守備隊終焉の地摩文仁は、平和を祈念する日本国で唯一の国定公園があるが、これとて平和を推進する事業として考察すると、戦後処理事業の範疇に入るであろう。この平和を希求する事業や運動が、沖縄を支える大きな原動力と規定すると、新たな問題が登場する。それが辺野古の基地建設に対するオール沖縄の抵抗である。なお、沖縄県内のその他の戦後処理事業には対米請求権「漁業関係・人身関係・土地関係など」があるが、これは戦闘中から終戦直後までの米軍による、沖縄に対する被害を算定した補償ないしは賠償を求めたものである。それについてはここでは割愛する。

第5節　似非知識人による沖縄観

昨今沖縄の北部地区には飛行場建設の計画が、かなりの程度まで建設推進されているが、政府も日本国民も沖縄の「痛み」を共有し得ていない。橋本・モンデール会談を起点とする政治学的地政学的暴

論に固執する限り、オール沖縄と呼称される辺野古基地建設に対する沖縄の抵抗は、琉球王国の主権のはく奪による事実上の滅亡により、400年に及ぶ琉球すなわち沖縄に対する連綿とした差別の構造を理解し得ぬ政治家や国民一般には、単なる思想的偏向と映じているであろう。荒野を開拓し道なき道を建設する行為を見ずして、完成された舗道を古より建設された既成道路と錯覚して闊歩する道行人にも似た言動。国会議員を始め多くの知識人と称する日本の似非エリートの沖縄差別と偏見に基づく、辺野古基地建設に血道を上げる無様で稚拙な言動を見るにつけ、沖縄人の第二日本人としての宿命を感じずにはいられない。

第6節　米国軍の拡大小史

辺野古の基地は完成すると米国海軍所属のマリン基地となる。米国の識者の中にはマリンの存在は朝鮮戦争をもって終結したとする。しかし沖縄のマリンは健在である。ここで軍事国家としての米国軍隊史を概略する。13州を合衆国とした新生米国は当初は騎兵隊を主軸とする陸軍国であった。独立の直後から米国は13州の隣接地域「それは欧州各国の植民地であった」に駐屯地を設営して、米国の影響が広く及ぶように腐心して行く。

次々と植民地を買収または独立を扇動して米国の準州とし、更には格上げして合衆国の一員にして肥大化する。それは東海岸から西海岸に到達するまで、1世紀以上の歳月を経て連綿と続く。13州以

外に設営された初期の米国在外基地は90にもなる。西海岸に国境が到達すると今度は海洋国家に成長していく。ハワイが併呑されそしてフィリピンも植民地となる。この段階で米国は欧州列強に引けを取らない超大国アメリカ建設のために、太平洋の諸島を始めアジア地域やインド洋に迄基地建設を始める。

第二次大戦時の米国支配の基地は2000を数え、軍事施設は3万を超えた。数多くの植民地の独立に伴い米軍の在外基地は減少して行く。そして現在その数はトップ　シークレットとされ、ペンタゴンの将官さえ実態・実数を把握できないとされる。海洋大国米国の沖縄攻略の総司令官が海軍提督ニミッツであることは不思議ではない。更にはベトナム戦争が始まると今度は空軍が強い力を発揮する。その象徴が重爆撃機Ｂ－52・各種無人機やＩＣＢＭ等のミサイルである。現在では３軍が対等の力を有するように目されるが、歴史的には陸から海、そして空軍へと軍事大国の体制を強化してきた。

国力の繁栄と維持のために植民地の拡大を図ってきた米国は、自由・平等の民主主義大国と目されるが、それはあくまでも自国のみであることに気付かぬ者が多い。太平洋やインド洋の小さな島々に基地建設を急ぐ米国は強制立ち退きを無補償のまま実施してきた。一例のみを上げる。先ずビキニ環礁の島々の原住民やディエゴ・ガルシャのチャゴス島民である。着の身着のまま同然で強制退去で船に乗せられて他の島に送還された。その補償はまだない。その他土地を簒奪されたグァム島やプエルトリコなど強制接収の犠牲となった島々の例を紙数の関係で省略することが口惜しい。

第7節　協議会発足の原点

太平洋戦争の末期、1945年の春に始まった沖縄決戦において米国陸海空軍は鉄の暴風を存分に降らせて沖縄の山野がレベルオフ（平坦）するまで徹底的に破壊した。その期間は僅かに3か月余の短い期間であった。その後遺症とも呼ぶべき戦後処理事案は数多あり、沖縄の民でさえ忘失しているのが現状である。戦争遂行の国是の下で多くの国民が「欲しがりません。勝つまでは」と、耐久生活に甘んじた。それだけではない。心ならずも手持ちの貴重品を手放し、あまつさえ先祖伝来継承してきた田畑を軍用地としてお上に献上した。あるものは無償であるものは有償で。そこに深刻な相互無理解の問題が発生する。

沖縄も例外ではない。戦争遂行に不可欠な飛行場建設の用地が収容された。沖縄県旧軍飛行場用地問題解決促進協議会（以後―協議会）結成の主因となる問題の発生である。沖縄の帝国陸海軍に提供した土地は戦後様々な問題を惹起した。接収された土地に関して南西諸島の島々では固有の厄介な問題が発生したのである。協議会が沖縄県下の地主会で結成されている事実を考慮して論点を琉球列島に限るものとする。

第8節　土地収用における戦後の混乱

政府「当時は陸海軍の経理部が事務手続きを遂行し、現地軍が実際の接収作業に着手した」の土地収用は土地売買契約に基づき正当な行為である。これは政府筋が戦後一貫して展開した主張である。しかしこの主張が問題の大きな導火線となった。「払った」。「否、受領していない」。この押し問答とも取れる応酬が、やがては嘉手納地主会による裁判沙汰にまで発展するのであるが、そこに至るまでの経緯には戦局急を告げる列島各地の特殊な事情が存した。

接収の時期や売買契約が履行された年月日が各地各管轄部隊の事情に応じて首尾一貫性を欠いた。それだけではない。離島のように土地接収場所によりまた地主により不完全ながら契約書が存在する。だが沖縄本島のように壊滅的破壊を受けた接収場所の地主には全く契約書が存在しない。防衛省防衛研究所図書館にも国立公文書館にも、否、国会図書館においてさえ直接土地接収に関する資料は見当たらない。

つまるところ沖縄本島の契約書の存在は皆無である。しかも離島の契約履行に基づく支払いは主に戦時債権であり、支払われた金銭は強制貯蓄を強要されている。体のいい見せかけの現金の授受は強制貯蓄へと消え、地主の手元には残らなかった。これでは民法に基づく売買契約は完全履行とは言い難い。政府の主張は不完全の誹りを免れない。それでも契約の効力は喪失していないと国は言説を曲げなかった。債権にしろ、現金授受にしろ、この土地代金の受領行為

の有無や、有効性が最大の焦点となる。だが国の主張が嘉手納裁判における上告審では有効とされ、嘉手納地主会は最後の希望を絶たれるのである。

第9節　協議会結成の胎動

日本復帰と共に各地の地主はそれぞれの地名を冠した地主会を結成して独自の所有権回復運動を始めた。読谷村は村政の意思として運動を推進し、嘉手納も町政の支援を受けて運動を展開する。那覇市は旧小禄村字大嶺（以後―那覇地主会）を中心に同様の運動を展開するにいたる。嘉手納が先行して訴訟に踏み切る。裁判の過程において嘉手納地主会は政府の厳しい反撃を受けた。証拠の契約書が存在しないのであれば、存在しない証拠を証明する所謂「悪魔の証明」を強要されたのである。かくして長年にわたる嘉手納裁判は原告嘉手納地主会の敗北に終わった。前節で触れたとおりである。

虚脱感の癒えぬ嘉手納地主会に運動推進の協力を要請し、新たな運動を展開する試みが、裁判結果を、かたずをのんで静観していた読谷と那覇双方の地主会から提案された。協議会の誕生である。

第2章
沖縄県旧軍飛行場用地問題解決促進協議会の発足

第1節　沖縄におけるレコンキスタ

繰り返しになるが旧軍飛行場用地問題は優れて土地問題である。個人にとりそれは土地の所有権の問題となり、国においては領土の問題となる。歴史概念がユダヤ人により発明されて以来、記述される世界歴史は領土の簒奪とその奪回の戦闘に明け暮れる歴史でもある。イベリヤ半島のレコンキスタがそうであり、またユダヤ対パレスチナの土地争奪がそうである。神との契約（旧約という）に違反したユダヤの民は神の神託により祖国を追われた。カナン（約束の地の意）に戻れるにはミレニアム（千年）を要すると旧約聖書は記す。だがユダヤがパレスチナの地に国を建設したのは実に二つのミレニアムの歳月を要した。

その地は2000年前には我が祖国であったとユダヤ人は主張し、パ

レスチナ人はこの地は2000年間我が土地であったと主張する。一神教である両者はアブラハムの二人の息子たちの末裔とされる。イサクの子孫がユダヤ人となり、イスマエルの子孫がアラブ人になった。同根の兄弟の近親憎悪は現在も凄惨な殺戮を繰り返す。これがユダヤ問題であり、パレスチナ問題である。延長線上にあるさらに悪化した問題がイスラム過激派のＩＳ問題である。現在の中東地方の戦闘と殺戮はある意味で沖縄戦の米軍による沖縄の民の殺戮以上に凄惨である。沖縄戦は僅かに３か月で終結したが、第二次大戦終了後のイスラエルの建国以来、アラブ対イスラエルの戦闘は日常茶飯事と化し、ユダヤによるパレスチナ人の土地の簒奪は手段を選ばぬ非情なものである。

ナチスのホロコーストを体験したユダヤ人がパレスチナ人に同様の殺戮と土地の簒奪を繰り返す。おぞましいこの闘争を極東の小さい島人のわれわれはほとんど知らされていない。何故にかくまで人類は戦うのか。それは生きる場所が必要であり、その場所確保が生きる基本であり、希望であるからだ。「土地はパレスチナの母」これはパレスチナ人の格言である。旧軍問題からその視座を取り払うとそれは安易な行政による土地の事務処理で終わってしまう。旧軍問題がまさにその典型例である

第２節　土地収用に基づくある地主の証言

那覇地主会の一人の地主を例に取る。彼は養子である。養父母の田

畑と家屋敷は現在の那覇空港の国有地となっている。ある日突然軍隊がやってきて部落の測量が始まり有無を言わさず立ち退きを強制された。着の身着のままで家を追われた養父母はそのまま南部の山野を駆け巡ることになる。辛うじて生き残った養父母が故郷に戻ると、そこは既に米国軍に占拠され立ち入ることが許されなかった。以後全ての財産は回復することなく、軍用地料の授受さえなく、文字通り無財産の離散者「一種のディアスボラ」となった。ディアスボラはユダヤ特有の現象ではない。旧軍地主にはその類の人々が多い。

国は正当な私法上の土地売買契約で取得したと所有権を認めず土地代の支払いもない。那覇地主会の会員は誰も契約を取り交わしていないと主張する。土地の売買記録は国の如何なる官庁にも存在しない。家屋敷だけではなく、牛・馬・豚等の家畜も戦争遂行者の食料へと消えていき、その補償も算定方法も存在しない。そして問題はあらぬ解決の方向へと動いて行く。

第3節　問題解決は真の意味において地主を救済したか

沖縄振興計画に位置付けることで戦後処理としての旧軍飛行場問題は強引に一定の方向付けがなされ、解決を見たかに思える。為政者による解決が甘受しなければならない唯一の方法であるとすれば、それは何たる悲劇であることか。われわれは戦後そして日本復帰に

至るまでに更には現在に至るまで、太平洋戦争の惨劇に伴う沖縄独得の戦後処理を引きずってきた。展開してきた戦後処理運動にも解決方法が端緒には幾つかあった。だが希望し提案する解決論は、政府とそれに盲従する県や市町村により、厳しく内容の変更を強制され、タイムリミットを突き付けられ、最期まで抵抗した那覇地主会に至っては断腸の思いで修正案を受容せざるを得なかった。果たしてそれが待ち望んだ解決方法であったかは評価の分かれるところである。運動を主導してきたわれわれの心境もまた忸怩たる思いを濃い霧に包摂させたままなのである。

第4節　運動に対する批判

われわれは「旧軍飛行場用地問題」の円満な解決を求めた十有余年の運動に関する洞察と所見を開陳し、諸学一般の御高説を拝受したいと思う。真摯に運動を展開したわれわれの周辺には喧しくすだく虫の音色があった。それを聞き分けて品定めをする難渋な作業は時として、われわれの側に傲慢、不見識、大言壮語、無理解等々の謂れなき謗りと非難が浴びせられた。だがわれわれは沖縄の琉球王国時代からの通史を概観し、何が問題の根幹に潜んでいるのかを抽出し、真の解決はどうあらねばならなかったのかをわれわれの見識において解明したいと思う。

第5節　沖縄における収用史の概略

満州事変に始まる15年戦争を引きずり勝算のない泥沼の太平洋戦争に突入した大本営は、敗戦が濃厚になった昭和18年から同19年（1943年から同44年）に、北は奄美群島から南は琉球列島に至る南西諸島の島々に、強制収用同様の強硬手段により民間の土地を簒奪し、30近くの陸海軍の飛行場を建設して、米国陸海空軍の日本列島襲撃への備えとした。しかしながら怒涛の進撃を開始した米軍を眼前に南西諸島の多くの飛行場は空戦に備える暇もなく、その完成後または完成を待たずに軍名により破壊または遺棄された。島嶼伝いに支配域を拡大して北進すると推察された米軍は、沖縄本島に集中砲火を浴びせて3か月に及ぶ死闘を制し、読谷地区と嘉手納地区の北と中の両飛行場を制圧すると直ちにその拡張に務め、短期間のうちに日本列島空爆の前線基地を完成したのである。嘉手納・読谷を飛び立つB-29重爆撃機は、九州を始め中国や関東地域までにその空爆地域を拡大していく。同時に那覇の海軍飛行場も制圧されて、それは沖縄の先島地方攻撃の航空母艦の補助的役割を果たした。この3地域の旧軍飛行場問題に関する地主会が一致団結を果たして、平成12年10月29日に「沖縄県旧軍飛行場用地問題解決促進協議会」（以後―協議会と略称）を発足させた。各地主会はそれまで独自の運動を展開してきたのであるが、その非力を痛感し、共同で問題解決に至る方針を確立したのである。

第6節　協議会の発足

華々しく成立した協議会の会員は3地主会で総勢1000余名に及び、収用された土地面積は3地主会総計で坪に換算して107万坪に及んだ。読谷の土地面積が75万坪「正確には246万5000㎡」、嘉手納は14万坪「同48万6000㎡」そして那覇が18万坪「同59万4000㎡」である。千坪以下は切り捨ててあるので実際には108万坪を超える。それだけの土地が日本復帰と共に1972年5月15日を期して国有地となってしまった。それだけではない。この面積には後に分派行動を取る八重山や宮古の各地主会に加えて伊江島の旧軍用地は含まれていない。その土地の所有権回復を実現すべく沖縄本島の3地主会を中心とした協議会が結成されたのである。

その模様を平成12年10月29日の「総決起大会」資料により概観する。大会資料は白表紙のA4判のサイズで、ページ数は大会目次を除いて10ページである。ページを追って概観する。

ページ1
設立経過報告の要点
1. 7月31日　読谷地主会、嘉手納地主会、那覇地主会の役員同士で話し合いを持つことを提案、8月7日に代表者会議を開催することを決定する。
2. 8月7日　三地主会の代表者が顔合わせ、それぞれの組織としての取り組みについて意見交換。統一した組織を結成して所有権の回復に取り組むことで、基本的な方向性で意見一致する。

第2章　沖縄県旧軍飛行場用地問題解決促進協議会の発足

3. 8月10日　今回の会議を第1回として、3地主会の統一組織を結成するための会議を正式に発足する。3者が共闘できるものについては、目的を明確にし、協力できるように話し合う。
4. 8月24日　第2回旧軍飛行場関係の地主会結成準備会議。協議事項　名称を「沖縄県旧軍飛行場用地問題解決促進協議会」とし、役員を選出する。3地主会から正副会長と事務局長と次長を選出する。　氏名は省略。
5. 8月31日　第3回結成準備会議　「会則の制定」
6. 9月20日　協議会結成。マスコミに報道する。
7. 10月　地主会関係3市町村長に総決起大会参加を要請。同、地元選出全国会議員に顧問就任を要請し承認を得る。なお、超党派での取り組みについても了解を得る。
8. 10月19日　大会準備　要請決議案、スローガン等。
9. 10月29日　総決起大会開催　読谷村社会福祉センター2階会場。

ページ2

要請決議文

筆者が繰り返し記述してきた内容と同系の文章であり、他府県並に土地を返還せよと謳っている。割愛する。

ページ3

大会スローガン
　① 政治的配慮により本土並みの戦後処理をせよ
　② 旧軍飛行場用地の所有権回復を求める

当初の三地主会の共通の目標は所有権回復であった。しかし各部所で触れているように所有権回復の非現実性に、那覇や読谷が政策変更を迫られることに認識を示すが、嘉手納は頑として所有権回復にこだわり続ける。振り返ればこのスローガンへの嘉手納の固執が亀裂を生む要因であった。

ページ4＆5
協議会会則
第三条（目的）戦後処理の観点から政治的配慮により解決し、旧地主の所有権の回復を目的とする。注釈は必要ないだろう。

ページ6は役員名簿

ページ7以降はマスコミに求めた新聞掲載の協議会の会議の模様である。これも割愛する。
大会の様子がこの記述で分かれば十分である。

ほどなく宮古や八重山の地主会が協議会への参加を表明して傘下の地主会は５団体となったが、何故か伊江島は頑なに参加を拒否した。協議会の規程に基づき５団体は定期的な会合を開催し活発に意見交換をした。会長・副会長・事務局長に次長の三役体制も確立し、問題点の集約と運動方針は議事録にまとめられた。だが最初に選任された協議会長は嘉手納の地主会長であったが、裁判の後遺症から抜けきることは出来ず運動の主導権を発揮できない。業を煮やした三

第2章　沖縄県旧軍飛行場用地問題解決促進協議会の発足

役の不満が募り程なく協議会長は、那覇地主会長にバトンタッチされた。新会長の下で協議会は積極的に運動を展開した。マスコミへの広報活動を始め、政治家への積極的アプローチを試みただけではなく、国会議員は衆参両院の議員が顧問となることを約し、内閣府を始めとする関連諸官庁への陳情と協議会を支援する超党派の協力を約束した。県議会もこの動向に積極的に協力を約し、決議文を関係省庁に送付した。それだけではない。協議会は沖縄全市町村の議会に要請文を送付してその賛意を得ると、全市町村がこぞって関係省庁への陳情文を送付したのである。県政史上一つの問題について沖縄県下の全市町村議会が決議文を可決し、関係省庁に送付したことはこれが初めてであり、稀有の事件であり成功事例であった。

上記については平成14年9月21日付けの、第2代協議会長の「総括と課題」に記述済であるが、更にその論点を見ていくことにする。
2）「方針の確立」には5項目が記載されている。
　（1）旧軍飛行場問題の解決は政治的配慮によるものであること
　（2）旧地権者の権利が正当に評価されること
　（3）政府により戦後処理問題として明確に位置づけられること。その具体的方法として振興新法による国会の承認および国の承認を受けること
　（4）県民世論をバックに、国会議員及び知事を先頭に県議会や地方議会の応援を得た全県的運動に発展させ、国との交渉に臨むこと
　（5）協議会発足2年目にて、ひとつの目途をつけること

この目標はどのように実現されたのか。以下に実績と戦略を見ることにする。

(1) 沖縄選出の国会議員を顧問とし、国会請願のバックボーンとする。全員が承諾をし、全面的な支援を受けている
(2) 関係省庁への要請、沖縄県知事、総合事務局長、その他の関係省庁に要請活動をする
(3) 一般県民へ問題を理解してもらうために、公機関との接触の度にマスコミを動員して県民に広報してもらう
(4) 問題周知のため新聞紙上への論文の掲載、マスコミ特にテレビによる特番、インタビュー等による世論への訴え
(5) 以上を総括する形で県議会を始め県下52市町村議会による「戦後処理を早急に求める意見書」の採択と関係省庁への送付

上記（2）以下の項目については、協議会は実に積極的に活動を展開した。しかしそれはあくまで那覇地主会主導であったことを特記しておく。

2年目の戦略は次の通りであった。

(1) 1年目の活動を記念して国会議員によるシンポジウムを開催し、県議会議員、関係市町村議員等がフロアに参加し、運動の高まりに貢献した。シンポジウムは2回開催された。
(2) 何名かの代議士のアドバイスにより、県庁職員と意見交換が続いている。最近では関係市町村の担当者も加わり、拡大意見交換会が開催された。

「この項についての注釈」

この関係が長く続いた印象があるが、それは瞬時のことであった。沖縄県基地対策室にプロジェクト班が設置されるとともに、協議会は敬遠され、以後は情報の交換が不能になっていく。何度も記述したとおりである。

(3) 今年に入り最大の戦略の成功は、県議団の連盟結成である。去る7月に会長、幹事長を選任し40名の県議が連盟に参加した。

「この項について注釈」

県議会で旧軍問題の質疑は賑々しく行われた。時流に乗り遅れまいと、各党や各会派が入れ替わり県を相手に、質疑応答を繰り返した。しかし間もなくその熱意は冷め、確かな功績は「戦後処理を早急に求める意見書」を関係省庁に送付したことくらいである。

3)「現況に基づく課題」を要約する。

県によるプロジェクト班の設置に伴い、協議会は県との協議に入る前に、地主会による話し合いを開催した。そこで各地主会固有の問題が鮮明になり、相違が明確になっていく。最大の相違は振興計画による解決が、はたして戦後処理になるのか、政治的解決とはどんな解決であるのか。テーゼそのものへの疑問が噴出した。土地問題の解決は各地主会の総意に委ねるのか、県の調整を要求するのか、そのための調整とは何か。これは戦後60年の闘争を想起すれば、避けては通れない地域の特殊事情であり、至極当然のことである。

「この項について注釈」

ここで鮮明になる各地主会の思惑が、亀裂を生んでいくことは容易

に想像できる。嘉手納は手をこまねいて那覇地主会主導の要請活動を傍観した。協議会決裂は時間の問題であった。
4)「今後の運動のあり方について」の要約
振興計画の主旨による解決を求めるのか、その他の選択肢があるのか。検討が肝要である。結論が出た時には、運動方針も定まってくる。協議会としてどの方針を選択するのかその時期に来ている。第四次振興計画は今年発効し、10年の時限立法である。計画の枠内で早い解決を求めるのか、その他の選択肢に落ち着くのか。協議会として結論を出す時期に来ている。基本は各地主会の自主性が尊重され、かつ広く国や県民をも納得させる解決方法でなければ展望は開けない。

今一度基本方針の5項目について考えてみたい。
先ず、政治的解決とは、広い県民の支持と国の理解の上に成立するものである。
次に旧地権者の権利の回復とは、実質的な国の補償を受け、他府県や現軍用地主との差別の解消にある。それがどんな解決であるのか、5地主会各様の解決の方法があっても良い。第3の点。即ち振興新法に基づく解決は、国の位置付けが明確である以上、その枠内の解決が国の理解を得られ、県民の支持もあると思われる。これも各地主会の判断を優先させることにする。第4の点であるが、運動展開の方法論である。国会議員や知事を先頭にするために、先ず主管庁を特定し、早急に話し合いにつくべきである。第5は2年目の決算である。協議会は過去2年で一つの目途付けをした。旧軍飛行場用地の問題は戦後の未処理案件との政府の見解があるが、財務省理財

局の見解は国有地の姿勢を崩していない。今後の行程は平たんではないが、各地主会の最大の幸福のために独自の方針を取るのも重要な選択肢である。２年目に総括をし、次の方針を決める発足当初の方針に照らし、今後の行程を決定する必要がある。

協議会は特定の地主会に運動費用「時間的にも」を大きく負担させてきた。規約も不十分なまま、組織論の基本も十分に機能しているとは言えず、公平な運動分担の原則も偏向したままである。現状を顧み、新方針のもとに独自の運動体に生まれ変わるのか、今後のあり方を討議し、結論を出していきたい。

「講評」
新会長の苦悩を窺わせる内容となっている。協議会は元々緩い絆で結ばれている。会則も大雑把に過ぎ、問題解決に至る組織としての費用の分担と活動形態や年間スケジュール等も何もない。所有権回復の基本的な共通認識もかけていた。土地を取り戻すのが所有権回復とする一見明白な思考も、補償を求めることも所有権回復とする考えも、徹底的にかみ合うことが無かった。既に三年目にして組織分裂は決定的な様相を帯びていたのである。

第７節　振興計画への記載

重複を厭わず振興計画への記載について顛末を記す。避けては通れない重要な運動史の一つであるからだ。平成13年下半期、沖縄振

興計画はその作業の大半を終えていた。振興計画に旧軍問題を記載させるには大きな壁があった。振興計画は経済的自立を根幹とする、優れて経済社会教育的政策である。旧軍問題はその趣旨に馴染むのか。議論は沸騰した。だが素人の悲しさ。我々にはそれ以上の名案が浮かばなかった。ここは運動の突破口として振興計画に頼るしかない。協議会の方針は確定した。だが振興計画の概要は既に関係省庁の了承を受けている。作業の微調整が終われば翌年（平成14年夏）の閣議決定を経て、事実上の第四次沖振計は正式に発足する。時間的に間に合うのか。案の定、沖縄担当部局の知事公室の態度はつれなかった。振興計画に馴染まないから駄目だ。第一、時間的余裕がない。何処までも消極的態度に終始した。協議会も行き詰まった。しかしここで白旗は挙げられない。頼みは国会議員しかいない。

党派を超えた協議会の陳情が始まる。当初陳情された国会議員は頭を抱え込んだ。時間的制約に幻惑されていたのである。時間は容赦なく経過した。そのうち沖縄振興計画（案）は衆参両院の委員会に付託された。万事休したかに思えた。窮余の一策は人いや組織を救う。最後にあった某国会議員の提案が窮地を救った。「付帯決議がある」その一言に協議会は、新たに沖縄選出の衆参両議員諸氏に協力を要請した。全員が党派を超え、一つのグループになって動いた。初めての快挙であった。ここに「衆参両院の沖縄および北方問題に関する特別委員会」は平成14年3月に沖縄振興特別措置法案を可決し、あわせて旧軍問題を付帯決議として、全委員の賛成により採択した。薄氷を踏む間一髪の作業であった。振興計画および付帯事項の一つである旧軍問題は、衆参両院の本会議において全会一致の

快挙まで達成したのである。

沖縄県議会を始め、全県下の市町村議会の「戦後処理を早急に求める意見書」が、関係省庁および衆参両院に届いていなければ、かくも柔軟にして素早い国会での付帯決議につながることはなかった。国会議員、県議会、市町村議会、そして丁寧に問題を取り上げて、世論喚起に貢献した地元マスコミに対し、深甚なる感謝を表したい。そして今でも世論が問題解決を後押ししてくれたと確信している。

第8節　既成政党の思惑

ここでわれわれは第二の過ちを犯す。国会議員を始めとする政党各派の協議会への過度の期待を読み誤った。1000余名の会員には家族がいる。会員は平均年齢が既に70歳になんなんとしていた。会員一人には妻、子とその配偶者そして成人した孫もいる。親族を含めた会員関係者で有権者数は1万人を数えた。協議会を取り込め。それが政党人の超党派の実態であった。しかしわれわれは素人集団に過ぎない。政党人の深慮遠謀を解析できなかった。旧軍問題は優れて綱領やイデオロギーを超克した全県民的戦後処理運動であり、国会議員はその運動の先頭に立つ頼れる船頭であると信じて疑わなかったのである。だが彼ら政党人はわれわれ素人集団の思惑を超えてはるかにしたたかであった。超党派とは相互協力のゼスチャーの陰で自党に有利な選挙協力体制形成に腐心することであったのである。われわれは政党への協力を平等原則に基づいてやんわりと拒絶

した。その瞬間に冷徹な態度を取る政党人兼国会議員の正体を垣間見ることは辛かった。唯ひとり無党派の議員は協力的であったが、長引く問題解決で、結局は協議会と袂を分かつことになったのも痛恨である。いずれにしろ政治家を活用することの難しさに、われわれは免疫のない赤子のような無知を曝け出してしまったのである。

第9節　浮沈戦艦「オキナワ」

歴史を少し引き戻す。奄美群島は小笠原諸島と共に琉球列島に先駆けて日本への復帰を実現した。遅れて沖縄は敗戦後26年余を経て1972年に日本に復帰を果たした。その間の米国軍政下の沖縄は東西冷戦の橋頭堡として、共産主義諸国への自由主義陣営、わけても米国の利益を擁護する沈まぬ島「浮沈戦艦」としての役目を背負わされ続けてきた。沖縄の幹線道路を縦横に疾駆する黄色ナンバーの米国車両には、Key Stone Of The Pacific「太平洋の要石」の表示が車両ナンバーとともに麗々しく刻印されていた。

米国および米国軍は日本の利益を守るためと称し戦前に日本軍が簒奪した土地の自由使用に加え、新たに米軍が必要と判断した広大な地域を囲い込み、民間の田畑は言うに及ばず、日常生活の基盤である村落は銃剣で部落民を追い立て無人化し、ブルトーザーで家屋をなぎ倒し転圧して強大な基地建設を急いだ。軍事基地を建設する土地は戦勝国に取り当然の戦利品であり、軍事目的の利用価値がある必要不可欠なインフラであった。生活する住民の福利と安寧は一顧さえされなかった。米国にとって何よりも重要な問題は米国の利益

であり、大企業を中心とする資本主義社会の繁栄と安泰であった。戦後史の米国の文献資料にはその事実が詳細に語られている。

第10節　土地は簒奪するもの
―ＷＡＳＰからサラダボウルへ

狭隘な縄目模様の南北にか細く伸びる沖縄本島の中頭地区（沖縄本島の中央部）を集中的に占領した米軍には、土地の所有の感覚が沖縄現地の人間と根本的に違う。この地域は沖縄の心臓部であるが、その沖縄人の価値観は米国軍人に取り大きな意味を形成しない。それは米国特有の文明観に起因する。米国民を突き動かしてきた根本思想がＷＡＳＰである。ＷＡＳＰ文明の価値観に基づく米大陸の支配は先住民族のアメリカインディアンの放逐と広大な土地の簒奪に始まる。つまり土地は彼らＷＡＳＰには簒奪するものなのである。

19世紀末に始まる帝国主義思想に基づき欧米列強は後進地域の隷属化つまり植民地化に血道を上げてきた。先ずアフリカが簒奪された。東南アジアがそれに続いた。米国の西進運動はカリフォルニアで一旦停止したかに見えた。だがそれは遠く太平洋を越えてアジアに迄達した。先ずハワイ王国が米国に併呑された。フィリピンも激しい抵抗運動にも関わらず米国の植民地と化した。米国の軍事戦略の歴史文献には基地の確保に始まり、植民地を領有して行く過程が克明に綴られている。

もしも第二次世界大戦が勃発していなかったら、これほどに民族の解放と独立が達成できたであろうか。世界は大戦を奇貨として平等の世界の構築に邁進してきた。独立国には外国軍隊の駐留は原則として許されないものである。ＮＡＴＯは冷戦時代には最強の軍隊であった。それが今では傍目にも弱体化している。

東部地区に始まる米国の西進の思想はフロンティア　スピリッツと称賛され、ネイティブ　インディアンは白人の西進により居住地区を放逐されたばかりでなく、民族の絶滅の寸前まで減少した。この仮借ない思想がＷＡＳＰである。　因みにＷＡＳＰとは　White　Anglo-Saxon　Protestantの頭文字である。英帝国の国教徒により迫害された一部の新教徒であるピルグリム　ファーザーズが、宗教の自由を求めて逃避した先がアメリカ新大陸であった。彼らアングロ　サクソンの白人種が米国の支配者であり、それは新教の信奉者でなければならない。

つまりＷＡＳＰの価値観を米国に移住するすべての移民は受容しなければならないのである。付言するとこの思想が黒人奴隷を正当化した。雑多な移民と人種の存在をアメリカの特性とし、メルティング　ポット「人種のるつぼ」と称する。この坩堝こそＷＡＳＰに同化させる巨大な思想信条のカラクリ機械である。第二次大戦後とくに近年このＷＡＳＰが崩壊を始めた。「人種のるつぼ」は原型をとどめる野菜を盛った「サラダボウル」へと変容していく。多文化許容時代の始まりである。きっかけがヒスパニックによる民族大移動であり、ＷＡＳＰを完膚なきまでに痛打崩壊させようとしている。

第2章　沖縄県旧軍飛行場用地問題解決促進協議会の発足

それは何故か。彼等の数は既に黒人人口を凌駕しており、スペイン語は南部の幾つかの州のオフィシャルランゲージとして英語と同位置に格付けされているからだ。1国2制度の許容である。沖縄の施政権返還が成った当時、730（ナナサンマル）の大きな改革があった。交通体系の右運転から左運転への変更である。当時の日本政府の主張は正に「1国2制度」はまかりならんである。離島県の沖縄で弊害（交通事故等）が出るとは思えなかった。しかしこれは問題の論点ではないので省略する。

第３編
連絡調整会議と幹事会

第1章
沖縄県主管課折衝および旧軍問題検討会議の発足

第1節　沖縄県の主管部局の冷徹な対応

先を急ごう。発足から1年、マスコミは連日協議会の動向を詳細に報じた。われわれは新聞記者を常時呼び寄せてコメントを発表し、また新聞紙上の論壇で協議会の主張を反復掲載した。次第に県民がわれわれの存在を認知するようになる。だが県の反応は冷徹であった。基地問題の主管課は会談申し入れをけんもほろろに拒絶した。体のいい門前払いが幾度となく繰り返された。旧日本軍に接収された土地は正式の売買契約に基づく合法的な日本国による土地の取得であり、その事実は最高裁による嘉手納裁判により明白である。話し合いの余地は毫もない。担当部長や課長に至るまでわれわれの面談申し入れを忌避し続けた。

だが彼らにも微かな動揺が生じていた。県下の旧軍飛行場問題の解

決促進運動が異常な高揚感を喚起していく状況を傍観するのが窮屈になっていったのである。それでも嘉手納裁判は彼ら主管課のスタッフが協議会役員を門前払いする根拠となっていた。県の主管課の見解は明瞭であった。いわく嘉手納空港の国有地となった土地の所有権回復を目的とする訴訟は18年の歳月を経て、最高裁における嘉手納地主会の敗訴が確定している。所有権回復運動は敗訴の時点で決着を見ているものであり、協議会の主張は問題の蒸し返しに過ぎず、面会の事理が立たないと会談を拒否し続けた。だが国会議員による国への要請に加え、県議会と市町村議会の所有権回復要請文送付に、県の担当課は神経を尖らせざるを得なくなっていた。

第2節　沖縄振興開発計画の成果事例

協議会は内閣府総合事務局を始め大蔵省（当時）の管財課など関係すると思われる省庁への陳情を繰り返すとともに国会議員の協力を要請した。世論をバックにした運動には看過できない影響力があった。それだけではない。国会議員の各党派への働きかけが効を奏し、平成13年度末の国会において旧軍飛行場問題は急遽、国の検討事項として第四次沖縄振興計画に掲載することが承認されたのである。平成14年3月末日のきわどい日時における衆参両院の満場一致の決議であった。日本復帰に伴い露呈して来る深刻な問題は、沖縄の経済・社会・教育的後進性にありその改善向上にあった。

10年を単位として第一次から第三次までの計画には振興開発の名

称が冠せられていたが、第四次計画には開発の文字が削除されている。戦後30年を経て開発は既に一定の効果ありと評価されたのである。第三次振興開発計画までの主な事業はインフラの整備である。道路の整備拡張を始めとする巨大土木事業が推進された。目玉事業である沖縄自動車道が那覇空港を起点として名護市に至る沖縄島の中央部を縦断して整備された。周辺の道路も国道の認定を受けて整備拡張されていく。同時並行した巨大事業が慢性的な水飢饉解消のための巨大ダム建設である。従来の沖縄は1か月も降雨がないと深刻な水飢饉に直面した。幾つものダムが沖縄本島の北部を中心に建設されていく。以後水飢饉の文字が新聞紙上から消えて久しい。同時に港湾の整備も大きな振興の眼目であり、沖縄本島の主要港や先島の海の表玄関も整備された。沖縄建設新聞発行の「歴代総合事務局次長に聞く」に詳しい。

沖縄海洋博とそれを支える目玉商品の水族館、王府の拠点首里城の復元、大学院大学の開学と充実等およそ開発計画は成果を上げていったように思われる。だが計画にオールマイティの幻想を持つことは許されなかった。振興開発は経済が主体である。それを支えるインフラ事業に巨額の国費が費消された。そのどさくさの中で戦後処理として旧軍問題を位置づけることはあながち的外れではなかったと思慮もできよう。だが熟慮を重ねる度に軽率であったと思わずにはいられない。それが以降に述べる問題解決の経過である。

第3節　沖縄県の旧軍問題対策組織の発足

第四次沖縄振興計画は平成14年7月に冊子にまとめられた。第四次計画のスタートである。旧軍問題も解決に向けた一歩を踏み出す。県が組織作りに着手する。具体的には沖縄県知事公室を担当部署とし、配下の基地対策室が事務局を務めることになった。基地担当の副知事を統括責任者として旧軍問題関連市町村長を協議メンバーとする「旧軍飛行場用地問題県・市町村連絡調整会議」（以下調整会議と呼称する）が正式に発足し、翌・平成15年1月30日に第1回会議が開催された。同時に下部の事務処理機関である「幹事会」が基地対策室長を議長として市町村基地問題担当部署員を構成メンバーとして同日連絡協議会に引き続き開催された。調整会議は第1回から第6回までを数え、断続的に開催されて、最終回の平成26年3月28日に使命を終え、実に10年の歳月を要する長い協議に終止符を打った。

幹事会は調整会議の方針を受けて具体的な諸問題を討議推進する機関として18回の会合を重ねている。第1回調整会議により立案された方針に基づき幹事会は都合4回開催されている。続く第2回調整会議に対応する幹事会は7回、第3回調整会議に対応する幹事会は2回、第4回調整会議対応幹事会は4回、第5次調整会議対応の幹事会は1回、そして第6回の調整会議をもってすべてを完結させている。調整会議は要約のみとし、幹事会は議事録の分析を中心に煩雑を厭わず詳述する。判明した事実は県の主体性のなさであり、哲学の欠如には唯唖然とする。中央権力に唯々諾々と自主的服従を

誓う態度は改められるべきであろう。沖縄県と旧軍地主会の所在する市町村は果たして地主会を救えたのか。

第4節　連絡調整会議と幹事会

はじめに　会議体の設置要綱の不思議について
第一回連絡調整会議は会の設置と会議の方針について県の所見を述べてある。ついで設置要綱が提案され了承されている。この要綱は全文8条で構成されているが、不思議な条が存する。幹事会5の項の（1）には「ただし、必要に応じ構成員以外の者の出席を求めることができる」となっている。構成員とは各市町村の担当者のことであることは論を待たないが、もし構成員以外を参考人招致と解釈できれば、われわれ協議会の役員は問題解決促進のために出席を要請されていた筈であるが、遂に調整会議と幹事会の終了までにその事実は発生しなかった。それどころか陳情訪問や会議の経過報告の聴取を要請しても、最後まで最小限度の情報さえ入手できなかったのである。われわれは県議会議員を介して調整会議の議事録（資料の受領要請は拒否）を辛うじて入手できたがそれも全議事録とはいかなかった。幹事会の議事録に至っては、問題解決と関係省庁から報告を受けるまで、その入手は叶わなかったのである。これほどまでにわれわれが敬遠された事由は何であったのだろうか。現時点においてもその原因が分からないままである。

第1回連絡調整会議。「正式名称は旧軍飛行場用地問題県・市町村

第1章　沖縄県主管課折衝および旧軍問題検討会議の発足

連絡調整会議」
日時：平成15年1月31日13：30－
場所：沖縄ハーバービューホテル
出席：（県）　副知事、知事公室長
　　　（市町村）　石垣市長、読谷村長、那覇市長（代理）、嘉手納町長（代理）、平良市長（代理）
　　　（事務局）　知事公室　基地対策課
本会議の議事録は全9ページ（A4判）である。　以後の議事録も同サイズである。
<u>注：書き遅れたが固有名詞は本書全体を通じて使用しない。生じる支障を避けるためである。</u>

この会議ではあたかも戦後処理は、当然の前提として沖縄問題に存在するとの副知事発言があるので、発言内容の一部を省略しながら次に引用する。
「旧軍飛行場用地問題は戦後長きにわたり、旧地主が戦後処理を求めた問題である。嘉手納飛行場の裁判以降、国は一貫して正当な手続きを経て国有地になったと主張し、一時は解決は難しいとする雰囲気があった。平成12年9月に嘉手納、読谷、那覇の地主会が戦後処理事案として政治的配慮による解決を求めて、運動体—以後協議会—を組織し、白保、宮古の旧地主会も加わり活動を行ってきた。活動は県議会を始め県下全市町村議会における"早急な戦後処理を求める意見書"の採択に繋がり、全県的理解に結びつき、昨年3月に衆参両院"沖縄及び北方問題に関する特別委員会"において、沖縄振興特別措置法案を可決した際に、旧軍飛行場用地問題などの戦

後処理問題を引き続き検討する旨の付帯決議に結びついた」
更に続けて次のように付言した。「県も独自に各種調査を行い、旧軍による土地の接収方法や代金支払い、並びに、終戦後の米国民政府による所有権認定作業に様々な問題があったと認識し、国が何らかの措置を講ずる必要があるとの結論に達し、昨年5月、沖縄振興計画案に同問題を戦後処理事案として初めて位置付けて国に提出した」

この発言を見る限り、旧軍飛行場用地問題は、戦後処理事案として、沖縄県庁において明確にその位置を占めたように思われる。しかしその期待は脆くも崩れ去る。副知事の急死である。以後戦後処理の用語は次第に回避されていく。また問題解決には県議会にも議員連盟が結成されたと、他人ごとのように述べているが、これは度重なる協議会の要請を受けて、県議会が重い腰を上げて結成したことも付言しておく。なかには強烈に異議を唱える議員がいたことも事実であるからだ。最後に問題の複雑性と解決方法に種々あるとする読谷村長の発言が、次回以降のそして下部組織の幹事会の動向を暗示して予断を許さない。
「5市町村はそのおかれている立地によって、いろいろ状況が違うと思うんですね。ですから、全部が全部、同じ状況での方向は厳しいと思うんですね」
表現が稚拙であるにしろ、要は旧地主の所有した土地の所在の違いによる、問題解決の多様性を意味していると思われ、その予想は不幸にも的中することになる。

第1章　沖縄県主管課折衝および旧軍問題検討会議の発足

なお市町村の発言要旨を記載することは、重要であり、以下に簡潔に示しておく。

那覇市：旧軍飛行場は現那覇空港の西側に位置し、小禄大嶺部落の土地である。沖縄県の振興計画の中で、戦後処理事業として位置づけられ、計画の中での問題解決に動いている。平成14年度から運営費補助をしている。行政の立場から県や各市町村と連携して早期解決に努めたい。

平良市：当時の日本軍将校から、土地は戦争がすんだら地主に返すと説明された。飛行場を含め周辺の土地は、国有地として登録され、地主以外の者が耕作している者がいる。耕作者に売却するように要請があり、進展しないまま、休眠状態にある。

石垣市：発言要旨次の通り。
1. 石垣市の白保に飛行場があるが、小作人が国に借地料を払って農業をしている。
2. 飛行場は那覇の10・10空襲直後に通達により収容され、現金は後で支払うことになっていたが、地主は受け取っていない。
3. 小作人は国に払い下げを要請し、旧地主は土地代の補償を求めている。それは個人補償である。

読谷村：発言要旨次の通り。
1. 読谷補助飛行場の面積は250ヘクタールである。平成17年5月に返還される。土地の利用には島懇事業を活用する。
2. 払い下げ価格は総額10億円余となる。国・県で協議して沖振

法に基づき低廉な価格になるように交渉して欲しい。
　註：島懇事業とは当時の慶応大学教授の島田氏による提案で沖振計実現のために10年間で1000億円の振興費を拠出する壮大な計画であつた。成功の是非については各論がある。

嘉手納町：要旨次の通り。
1. 嘉手納町の場合、嘉手納旧飛行場権利獲得期成会が昭和52年以来、司法の場で敗訴の経験がある。財政的にも援助をしているが、司法の場の再検証をお願いしたい。

県（副知事）：要旨次の通り。
1. それぞれ「各地主会が」抱えている事情が違う。
2. 「問題は」戦後処理事案として取り組まないといけないと痛感している。
3. この会議の中で、各市町村、各地主会等と連絡を取り、討議をしていきたい。

講評：ここで特記しなければならない問題は次の3点である。
1. 旧軍飛行場用地問題（以後―旧軍問題と略称する）は戦後処理事案と、副知事が明言したこと。しかしこの副知事の急死により、旧軍問題が戦後処理事案としての位置付けから、次第に経済的な問題に換骨脱退されていくのである。
2. 旧飛行場の収用には種々の形態が存在したこと。これが各地主会の運動の発端となった。
3. 県・市町村・地主会の協議が不可欠であること。ここで強調し

なければならないことは一つである。3者の協議が不可欠と副知事が明言したにも関わらず、各地主会は事務方の幹事会の意向により、会議の詳細を問題が解決したとする時点まで、県はおろか市町村からもその進捗度合いを、毫も知らされることなく終わったことである。この情報の非対称性はもはや差別の域を超え、専断的手法と言わざるを得ないことは痛恨である。

第1回　幹事会議事録の概要と講評（議事録枚数—3ページ）

正式名称は「旧軍飛行場用地問題県・市町村連絡調整会議幹事会」と称する。

日時：平成15年1月31日14：30 −

場所：沖縄ハーバービューホテル

出席：県（知事公室、基地対策課）・那覇市・平良市・石垣市・読谷村・
　　　嘉手納町

順を追って発言要旨を記していく。

県：発言要旨次の通り

1. 幹事会を中心に要望内容を検討する。
2. 協議会は政治的決着を目指して大同団結したが、結果的には那覇グループと嘉手納・白保の個人補償を求めるグループに<u>二極化</u>している。
3. 何が振興計画に馴染むのか、未だ整理していない。
4. 二極化していては、県は「国に対して」要請が出来ない。
5. 県としては<u>別の旧軍接収用地</u>についても念頭に置かなければならない。

講評:この県の発言要旨には既に厄介な問題が内在することを指摘しておきたい。

先ず二極化の問題である。第四次振計に記載されて以来、沖縄県が動きだしたのは3年が経過して後のことである。3年の長い歳月の無為徒食に等しい県の動きの中では、協議会にも離反者が出現する十分な思考期間があった。以前指摘したとおり、不完全ながら、近視眼的ながら、嘉手納地主会は意識下でレコンキスタを思い描いていた節がある。最高裁判決以後も嘉手納地主会は白保地主会と提携して、連綿として裁判を起こし、そして敗訴して行く。以後の会議においてもこの問題は頻出するので都度解説を試みる。

次に別の旧軍接収用地についてである。協議会発足当時、多くの地主会に大同団結を呼びかけたが、それに賛同しない地主会が幾つかあった。しかし県は調整会議への参加を呼びかけ、幾つかの地主会が四次振計の救済の対象になった。それらの地主会については此処で幾らかのコメントが不可欠である。先ず伊江島地主会である。彼等が問題にする以前に既に先行して運動する人物がいた。彼の運動は広く県外にも知られていた。地主会とその人物の間の見解の相違と相克は深く、地主会は協議会参加を拒否してきた。

また鏡水地主会である。彼等は嘉手納地主会の所有権回復の個人補償のスローガンに賛同して、一定の期間行動を共にする。しかし間もなく離脱して県の提案を唯々諾々と承認して行く。問題解決の優等生として那覇市から評価されていくのは、これも運動の皮肉な巡り合わせかも知れない。

協議会は当初運動に参加する地主会のみを対象とした戦後処理を求

めた。運動自体を拒否するこれら一連の地主会には、別の方法での解決の余地を残したのである。しかし県の提案で当初運動に参加した地主会の存在が、県の主張で希薄化して行き、ついには、那覇地主会は県と市町村の最も厄介な鬼子に変質していくのである。会議の進捗の中でその事実を指摘していく。

那覇市：発言は要旨次の通り。
1. 地主会の要望は把握している。要望は振計の要件を揃えているかは別問題である。
2. 国の考えが見えないので、地主会の考えで要望を提出しているとする。
3. 個人補償、見舞金となると国も法的根拠が必要になるのではないか。

平良市：発言要旨次の通り。
1. 住民としても個人補償ではなく、全体的な補償を大筋で認めている。
2. 県で解決の方法を示すのも一例ではないか。

石垣市：発言要旨は次の通り。
1. 時間がかかっても個人補償を求めると言っている。確認は取れていない。
2. マラリア補償は資料館、記念碑の事業であった。遺族会の見舞金の要望がある。
3. 地主会は調査を要望し、市長も同意見である。

読谷村：発言要旨
1. 地主会は所有権を求めて来たが、難しいと考えている。役場も同意見である。
2. 平成15年から「旧軍用地」跡地利用策定をしていく。
3. 払い下げには種々の方法がある。村から農業者へ、国から村へ等が考えられる。
4. 黙認耕作者がいるが、国（施設庁）が排除して返還することになっている。

4に関し付言する。黙認耕作者は訴訟を起こして権利を主張したが、結局長い裁判を通して敗訴し、村への返却へと大きく動くことになる。

嘉手納町：発言要旨
1. 訴訟記録の検証の要請がある。
2. 白保と連名で県に要請すると聞いている。町長も要望を尊重すると言っている。

第2回　幹事会議事録の要旨と講評「議事録枚数―7ページ」
日時：平成15年7月30日　13：30 –
場所：県庁　5F　第1会議室
出席：県（基地対策室）、那覇市、平良市、石垣市、読谷村、嘉手納町
県の発言要旨
1. 第一回会議以降の県の活動について調整会議に報告している。
2. 財務省・内閣府への説明。期日は2月14日。経過のみであり省略。

第1章　沖縄県主管課折衝および旧軍問題検討会議の発足

3. 県の議連への報告。期日は3月6日、24日、27日である。同上で省略。
4. 各市町村の表敬についての記述であり、ようやく始動した感があるが、表敬が主であり省略する。
5. 県から総合事務局管財課に業務委託契約の概略を説明したが、委託調査の結果が足かせになっては困るとの話であった。
6. 「旧軍飛行場用地問題調査・検討委託業務」概要の市町村説明
この項は肝要である。県は300万円の費用を投じてローカルシンクタンクに調査業務を発注した。この報告書が後に県の行動様式と思考方法を拘束し、戦後処理の概念が大きく変節して行くことになる。別項を設定してあるので、当該報告書はそれを参照のこと。なお報告書の完成提出はこの年の年末とある。

那覇市：発言要旨
1. 調査の中で所有権が地主にあるとする資料が出てきたらどうするのか。
2. 那覇、読谷、宮古の3地主会の意見の反映に疑義がある。取り入れて欲しいとの要望である。

県：発言
1. 最高裁判決が出ているのでそうはならない。
2. 嘉手納、白保の要望もあるが、県が調査を行うことを知り、要望が出て来たものである。

各市町村の問題への取り組みについて経過の報告

那覇市：
1. 地主会から提案書と財団設立趣意書が出ている。
2. 設立には400～500億円の公用地賃料相当額が必要になるとしているが、これでは所有権が地主にあるとの見解に等しい。

平良市：
1. 地主会要望が提出されている。
2. 先ず強制接収を国に認めてもらい、次に精神的苦痛と経済的損失に対する和解金の支出、結果、所有権回復の要求はこれをしないとの３点である。
3. 具体案として①空港ターミナルに資料館を設置する。②平良市振興資金の設立。③会員の福利厚生を考えている。
4. ５月にもう一つの地主会(兵舎跡)が出来たが、要請は一緒にやるが、中身が違うとの見解である。

読谷村：
1. 平成17年の返還に向けて準備が進んでいる。たとえば黙認耕作問題である。看板を設置して耕作者から確認書を取り付けている。

県：
1. 読谷は跡地利用スケジュールに則って作業が進められている。国の払い下げ価格には旧軍飛行場用地問題を使えば良いのではと考える。

第1章　沖縄県主管課折衝および旧軍問題検討会議の発足

以下会話が実情に触れた状況の叙述であるので一部を省略して次に進む。

県：
1. 那覇市については大嶺だけの問題であり、鏡水地主会は含まれていない。金銭の要求が先にあるので、これでは調整が難しくなり、言葉では振計に沿った解決と言うが、補償と変わらない。どのようなことをするので、いくら必要との考えに立つべきだ。
2. 宮古も二つの地主会が成立したと言うが、同じ地域で二つの要求は難しい。
3. 嘉手納・白保は調査を待たないと結論が出ないとするが、過分に期待は禁物である。

那覇市：
1. 事業をつくるのに苦慮している。将来どのような事業を行うのか、調査したいとの要望ができるのか。

県：
1. 国が将来どうなるのか分からない事業に、調査費を出すのは疑問である。県の調査との整合性もある。

読谷村：
1. 島懇事業に国は調査費を出したことがある。

県：
1. 国に調査予算を要望すると、自分たちでやれと言われる可能性がある。市が最終的に負担する可能性もある。

読谷村：
1. 茨城県ひたちなか市は旧地主が清掃組合を立ち上げた。管理費を国から貰い、これは直接の補償ではないが、間接的な利益を考える必要がある。

石垣市：
1. マラリア補償は３億円であった。4000人もなくなったが、個人補償がなく不満が残っている。

県：
1. マラリアの場合、国が非を認めたが、３億円の拠出である。今回は国は非を認めていない。用地接収の前後に様々な問題があった。だから振計に解決に向けて取り組むと載った。金額の話ではなく、解決に向けてどのようなことを行いたいと、要求しないといけない。市町村や協議会の同意を得て、先行できるものは先行させたい。

以後は些末であり、行数の少ない発言であるので省略する。
さてここで問題になるのが県の見解である。国に瑕疵は無い。しかし運動があったから振計に乗せた。しかも戦後処理である。この発言に運動の性格を知るもの、そして国が太平洋戦争で犯した数々の過誤について異議のある者は、首を傾げざるを得ないのではなかろ

うか。何故なら接収の方法に疑義があったのだ。しかも多くの市町村には接収後の国所有の登記は存在しないのである。国の主要機関にも書類が存在しないのも、また厳然たる事実である。

戦争の極限状態にあったのだから、登記書類は存在しない。それが釈明の基礎にあるのなら、真摯に協議会そして各地主会ともう一度話し合いを持つべきではなかったのか。それを強引に嘉手納裁判で国の勝利とした。それを不満としての運動体の組織であり、運動の展開である。それは沖縄県民の心琴に触れた。世論が大きく動いた。

その声を国は無視できなかったのである。しかし県の対応には常に不安と不満が付きまとう。戦争の最中の収用だから、不備は当然に存在すると断じるのは安易に過ぎる。旧軍飛行場の百万坪以上の巨大な土地が、永遠に帰ってこないのである。それを前提とした、振計の流れの中での、経済問題に矮小化する精神には満腔の疑問を呈していい。

第3回　幹事会議事録の要旨と講評「議事録枚数―5ページ」

日　　時：平成16年1月29日（木）13：30 - 15：30
場　　所：県庁5階会議室
出　　席：県
　　　　　那覇市、平良市、石垣市、読谷村、嘉手納町、伊江村
資料説明：その一　旧軍飛行場用地問題の経緯
　　　　　その二　旧軍飛行場地主会連合会について
　　　　　その三　旧軍飛行場用地問題調査・検討委託業務の説明

この3資料については議事録に詳細がないのでコメントできない。但し今後の会議において詳細が明らかになっていくのでその都度解説を試みることとする。

なお、この会議から伊江村が新しいメンバーになり、会議の構成員は6団体になった。

県： 調査検討委員会は1月23日に終了しているので、委員長と事務局を中心に報告書を作成する。各委員とは持ち回りで調整する。報告書受領後、県三役に報告し、本幹事会でも報告する。その後に県・市町村連絡調整会議を開くことになる。報告書は賛否両論があろうが、これ以上調査することは考えていない。

石垣市： 平得飛行場地主会が結成された。空港内の国有地以外の周辺の国有地は、民間に払い下げられている。跡地利用計画を策定して、公益を優先した利用を図りたい。

県： 平得は一筆ごとに契約状況がはっきりしている。所有権の主張は難しい。「緊急開拓事業実施要領」を根拠に、白保も平得同様に関係地主への返還を要求している。この「要領」は食糧増産を目的としたものであり、対象は土地を有効利用できる者であり、小作人や、旧地主、入植者等いろいろであった。

石垣市： 連合会の白保及び嘉手納の代表が石垣市長を訪問して要請を行っている。補助金申請があったので、マラリア被害者の会に

第1章　沖縄県主管課折衝および旧軍問題検討会議の発足

も支出した経緯があり、平成16年度は補助金の支出を考えている。

那覇市：　那覇市に異なる二つの地主会が出来た。一つは旧大嶺部落であり、二つ目は旧鏡水部落である。大嶺は自分たちから話し合いは持たないと言っているので、行政が音頭を取ることになる。平成14年度から大嶺に補助金を拠出しているが、鏡水が連合会のメンバーである以上は、申請しても受け入れられないと思っている。大嶺提出の事業案を見ると、収益事業（個人補償に近い）を考えているので、報告書が出ないと動きようがない。

嘉手納町：　連合会設立については町長に話はなかった。

平良市：　海軍飛行場と兵舎跡の両地主会も参加して、連合会が決議文と要請文を市長に提出している。補助金要請もあり今後を見守りたい。

読谷村：　協議会が分裂した。財務省は個人補償が出てくることを気にしている。補助金は継続して50万円を出している。訴えられたことがあるが、地主会の公共性、公益性が認められて勝訴した。

県：　補助金支出の根拠として、「公益性」は参考になる。

伊江村：　地主会は連合会にも参加していない。県の説明を受けて個人補償は難しいと考えている。

県：　平得、読谷は跡地利用が可能になる。読谷では旧地主に土地が返還されると思っているようだが、跡地利用をどうするのか、地域振興をどうするのか考えて欲しい。

読谷村：　土地は時価での売り払い。国との売買において戦後補償の名目は無い。旧地主でも農業者に払い下げを考えている。

県：　土地が返還された際、土地利用にどのように地主を絡ませるか。

読谷村：　事前に村が土地を買わなければならない特異なケースとなる。

県：　那覇の2地主会の考えは調整可能か。

那覇市：　両地主会の歩み寄りはない。鏡水は個人補償に執着していないと思う。

県：　各市町村も議会も戦後処理として、振興計画に位置付けることを支持してきた。地主会の分裂は別にして嘉手納地主会は個人補償以外では決着はつけられないのか。

嘉手納：　役場の中での議論も進んでいない。県を交えてヒアリングの方法もあるのではないか。

県：　石垣の某地主会では新しい証拠が出て来たと言っているが、登記されたものが見つかったという事である。契約は既に32軍が行っている。検討委の意見を聞く。

石垣市：　確かに昭和20年に登記されているが、陸海軍の引き上げは同年であり、事務作業をやっていたのだと思う。

県：　各飛行場によって解決策が異なるので、事業やその費用については云々出来ない。
地主が納得しなければ戦後処理にならない。具体的な話は報告書の完成後となり、幹事会にも話し合いを持ちたい。その上で調整会議には報告をする。本日から伊江村が正式メンバーに加わったことを確認してもらいたい。

さて第3回会議の講評である。県は協議会が提案した戦後処理を、沖振計で解決したいとの要請を都合の良いように解釈した。当初、協議会は申請団体のみを問題解決の対象者とした。すなわち読谷、那覇、そして嘉手納の各地主会である。県は当初から宮古のある地主会も参加していたと錯覚しているが、彼らは実質的には参加していない。ある地主会の会長の要請を受けた者が、オブザーバーとして行動を共にしたに過ぎないのである。

その証拠に県の要請で続々と宮古や八重山で、地主会が結成されている。それは第四次振計に問題がクローズアップされ、県が慌てて該当すると思わるものに呼びかけて、地主会が結成されたに過ぎな

い。まさに社会学用語の「全体最適」を意図した行政の手法なのであろう。協議会結成後、幾度となく県の担当部局に要請活動を行った折には、けんもほろろに門前払いを繰り返した県サイド。一転、沖振計記載で旧軍飛行場用地の所在市町村に呼びかけた。協議会の活動なしには、旧軍飛行場用地問題は等閑に付される運命にあったのである。

衆参両院の沖特委「北方及び沖縄問題特別委員会」による可決無しに沖振計記載は無かった。つまり県はあたかも県の判断で戦後処理として、旧軍飛行場問題を記載したように、折に触れ強調しているが、それは正しい姿勢ではない。県としては、国会のたとえそれが付帯決議であったとしても、記載せざるを得なかったのが実情なのである。しかも協議会は以後も連綿として情報過疎に悩まされた。一切の審議過程が秘密扱いにされて、協議会は蚊帳の外におかれたままであった。それは問題解決と国と県が決定するまでの十余年間も続いたのである。

この会議の最大の争点は、実は連合会の出現にあったはずである。協議会が分裂したのではない。勝手に離脱した嘉手納が個人補償を標榜して、賛同者を募ったものである。とすれば県は最初から連合会を、正式の交渉相手にすることを拒否すべきではなかったのか。忸怩たる思いで県の全体最適を疑問視せざるを得ないのである。

第4回　幹事会議事録の要旨と講評　「議事録枚数―7ページ」
日時：平成16年3月29日（月）　13：30 – 15：30

第1章　沖縄県主管課折衝および旧軍問題検討会議の発足

場所：県庁6階第1特別会議室
出席：県、那覇市、平良市、石垣市、嘉手納町、伊江村

県：「報告書」の県三役説明後に、4月15日前後に連絡調整会議を予定しているので、それまでは報告書が外部に出ないようにお願いする。

那覇市：地主から連絡調整会議の日程を聞かれたら答えてよいか。報告書は？

県：日時は確定ではないが、その時期を目途にしていると答えてよい。報告書は県が地主会に報告すると答えてよい。那覇市の両地主会には同時に説明したい。連絡調整会議は4月と5月の2回開くことを考えている。次に資料の説明を行う。報告書を持ち帰り、市町村長と調整してもらいたい。質問は有りますか。

註：県はローカルのシンクタンクが作成した「旧軍飛行場用地問題調査・検討報告書」をここで説明している。報告書は該当項において論評する。

石垣市：地主会への説明後、1月足らずで市町村の意思確認となっているが、時間が足りない。地主会を説得できるのか。冒頭で平成17年の概算要求の話が出た。旧軍事業のスパンは単年度か。

県：県議会で平成17年度の予算の話が出た。国への概算要求には、

第3編　連絡調整会議と幹事会　161

事業説明等の事前調整が必要である。5月中旬までに、ある程度の回答がほしい。旧軍事業は基本的には振興計画の期間内で行いたい。スケジュール的には難しいと思うが、ご理解いただきたい。

石垣市： 新空港が出来れば処理にむこう10年はかかる。平得にはこのような場所が何か所かあり、白保は農地である。両地主の状況が異なる。

県： 報告書にあるように、両地主会一緒にと言う案もあれば、別々に用地を確保する方法もある。これからの交渉次第だ。

那覇市： 両地主会が一緒にまとまって欲しい。先行地主会は早期の解決を求めている。次年度にある事業を要求し、更に次の年には、新しい事業を要求するのは可能か。

県： 国が相手である。複数事業の要求は難しい。同一事業であれば、複数年にまたがることはあるだろう。国次第だ。那覇を解決するには、二つの地主会を那覇飛行場として一つで考えたい。

伊江村： 協議会と連合会に地主が割れている。時間がかかるだろう。

県： 連合会はもっと時間をかけろと言ってくるだろう。那覇と読谷と出来るところから進めて行く。特に読谷は平成17年度に返還が決まっている。

第1章　沖縄県主管課折衝および旧軍問題検討会議の発足

那覇市：　鏡水は反対するだろう。タイムリミットがあり、われわれがこういう方向でいくと言うが、それでいいのか。

県：　このスケジュールで調整したい。那覇は事業検討の前に地主会をどう統一するかである。読谷は返還にそった展開ができる。伊江島については報告書に具体的記述はない。伊江島には黙認耕作地の問題がある。現地主に不利益を与えてはならず、所有者不明地もある。伊江島が跡地利用を考えるなら、読谷方式が参考になる。

県：　石垣市長は個人補償は難しいと言っていたが、報告書を受けてどう方向付けをするのか。法律論で無理となった場合にどうするのか。連合会は規約で自ら調査すると言う。

石垣市：　受け皿として株式会社を設立し、株式を持たずに、利益を受けることは出来ないか。

県：　報告書では、公益法人、中間法人、株式会社が受け皿として検討出来ると言っている。何が地主会に有利になるかであり、決めるのは地主会だ。

伊江村：　事業の補助率はどれくらいになるのか。

県：　戦後処理の名目なので、<u>全額国が対応するのが適当だと考えている。県や市町村が出資する必要ないと考えている。</u>（アンダーラインは筆者）

第3編　連絡調整会議と幹事会

伊江村： 交付事業みたいなものか。

県： 戦後処理事業であり、全て国が持たないといけないと考えている。

伊江村： 対米請求権事業のような解決策はないのか。

県： 何も決まっていない。報告書を受け、方針決定し、国と交渉する。内閣府を窓口にするのが適切と考えている。スケジュールに関してはどうか。

石垣市： 連合会は各々連絡を取り合うので時間がかかる。

県： 双方新聞を使って意見を言ってくるので、難しい所がある。飛行場単位か、個々でいくのか、市町村長へ意見を聞きたいと考えている。

伊江村： 農林省、厚生省は過去に例のないものは行わない。村主体で進められるものを考えている。

県： それなら振興計画でいける。ただし旧地主の同意が必要だ。

伊江村： 補助事業のメニューに載っていないから、駄目だと言われたものをやりたい。

第1章　沖縄県主管課折衝および旧軍問題検討会議の発足

県：　それをやるとしたら、所管が問題。財務省は受けないだろう。読谷の場合も、財務省は戦後処理とは言わず、払い下げと言っている。国の窓口は内閣府と考えているが、事業案を持っていけるかどうかが問題。

平良市：　半分公益、半分個人の試案を造ったが、全部公益の方向へ行ったので、連合会に加入したのだとおもう。個人にも利益があるとする前向きの説明はあるか。

県：　今回は報告書の説明のみである。

那覇市：　事業の提案は一つの事業名でなければならないのか。三つの提案は可能か。中身によって一つにまとめられない場合は二つでも良いか。

県：　内容による。幾つかあった方が調整しやすい。

講評：　第4回目の会議であるが、県は「報告書」に過大な期待を寄せている。その言動は以後の政府見解によって脆くも崩壊していく。そこには何度かに及ぶ県発言が、反省も訂正の謝りもなく、他人事のように展開している。戦後処理であるから、全ての事業は国が出資するとの見解は、時間の経過と共に変質を余儀なくされていく。県には哲学的思慮が欠如していた。振計に載ったから経済問題であり、過去の事例から全ては国が保証「補償ではない」するとの

安易な楽観論に溺れている。アンダーラインの個所を参照のこと。時期が過ぎ、問題が実現に向かうにつれ、国の見解も態度もより現実的となり、次第に硬化して行く。結論を言わせてもらうと、国は事業実現には8割しか拠出せず、残りの2割は県と市町村の分担となっていく。それについては以後の会議録の講評で明確にしていく。

第4回別途説明会　「議事録枚数―2ページ」
日時：平成16年4月5日（月）13：30－15：00
場所：読谷村役場

冒頭報告書の説明あり。

村：　跡地利用計画に沿って事業を進める。財務省と用地払い下げの話し合いがある。農地保有合理化法人に1000円で払い下げを要望している。現在は2000円である。

県：　払い下げ用地を旧軍飛行場用地関係とそれ以外に分けることは可能か。

村：　財務省は国有地払い下げが、戦後処理としてではなく、読谷飛行場転用計画によるものであるとすることから難しいだろう。

県：　一括払い下げを受けた土地の一部を、村有地または国有地のまま、払い下げを受けず、その土地を活用し、旧軍事業として、その上に農業関係の建物を建てるなどして、事業展開を図れないだろ

第1章　沖縄県主管課折衝および旧軍問題検討会議の発足

うか。

村：　払い下げた土地の一部は、公共・公用での利用を検討している。戦後処理の一環として、内閣府に農業法人等での事業をお願いしたいと考えているがハードルが高い。国の17年度の予算に盛り込むには時間的に厳しい。

県：　今後、事業や組織形態について、旧地主に何が有益かを県として協力できれば、協力を惜しまない。よろしくお願いします。

講評：　何故、読谷村だけ別会議を持ったのかは、会議の発言から伺い知ることは難しい。
背景には読谷村独自の先行する取り組みがあった。75万坪におよぶ広大な土地の返還を求めて、読谷村は地主会と村役場が連携して、長くシビアな返還運動を展開してきた。旧軍飛行場用地は長くパラシュートの降下訓練の場であった。訓練には村民の命を奪う悲劇や耕作地の深刻な被害があり、読谷村の厳しく長い抵抗に合い、訓練は次第に伊江村の旧軍飛行場に集約されていく。その過程で、村への国有地の売却（つまりそれは戦後処理ではないと国は強調する）があり、戦後処理とは明確に一線を画すると念の入れようであった。それが三次振計に盛り込まれ、返還計画は既成事実と化していた。そこに県の奇妙な申し入れまたは介入が、今回の特別会合にいみじくも反映された格好になった。

第2回　連絡調整会議
日時：平成16年4月15日　11：00－12：00
場所：県庁6階　特別会議室
出席：副知事、知事公室長、公室次長、事務局（基地対策室担当）
　　　各市町村長（代理含む）

第2回県調整会議は県が地元シンクタンクに発注した「旧軍飛行場用地問題調査・検討」報告書（以後報告書）の提出を待って開催されている。実質的な検討会議はこの2回目の会議から始まっているのであるが、報告書のコンセプトと内容をそのまま踏襲した形で会議の検討審議は収斂していく。一地方のシンクタンクの報告書がかくまでに地方行政に影響力を持つことなど想像はおろか想定さえしなかった。われわれの未熟さを反省する慚愧たる思いに頭が上がらない。第3の過誤である。報告書の結論である第6章「旧軍飛行場用地問題の戦後処理案の方向性」が県の担当者によって調整会議のメンバーや幹事会メンバーに懇切丁寧に講義され質疑応答がなされている。報告書の理解に費やされたのが第2回会議でありそれに伴い7回も開催された幹事会の実態である。

第5回　幹事会議事録の概要と講評　「議事録枚数―11ページ」
日　　時：平成16年5月14日（金）13：30－17：00
場　　所：県庁　第三会議室
出　　席：県、那覇市、平良市、石垣市、読谷村、嘉手納町、伊江村
発言要旨：
県：　地主会とのやり取りや各首長の考えについて状況説明を願い

たい。

那覇市： 協議会からは窓口を一本にして欲しいとの要望である。つまり協議会を相手として、連合会を外せの主旨である。両地主会の関係は辛辣で、今後とも折り合いはつかないと思う。

県： 読谷村はどうか。

読谷： 地主会は跡地利用の計画での解決を望んでいる。平成17年5月の返還後、1乃至は2年で国から買い取る。跡地利用計画に付加価値をつけ、国の補助を引き出せないか、検討中のようだ。

県： 石垣市はどうか。

石垣市： 白保、平得の地主会とは意見交換はしていない。地主会の会長が新聞投降をしているので、記事が出た後で、協議をしたい意向である。個人補償の要求は変わらないと思う。新石垣空港建設の同意書取り付けは、最終段階に入っており、地主会会長が反対をすれば解任する動きがある。市としては新石垣空港との絡みで動きづらい面がある。

県： 平良市はどうか。

平良市： 宮古の地主会は海軍兵舎「現宮古病院」と海軍飛行場「現宮古空港」の地主会に別れている。一方が方針転換して、個人補償

を求めている。行政としては振興計画で、やっていく方向性は決まっている。宮古には土地の領収書が有り、個人補償は難しい。

県： 伊江村はどうか。

伊江村： 県の説明の後、個人補償から状況が変わった。報告書の内容の検討中である。

県： 嘉手納町はどうか。

嘉手納町： 厳しい状況である。地主会は県との話し合いを望んでおり、報告書の提案を受け入れると、個人補償を求めて来た地主会の考えを、否定されると考えている。

県： 地主の多くは個人補償を求めているように聞こえる。過去に種々の要請や意見があり、結果的には振興計画で解決策を求めたいという事になった。一時的には読谷、嘉手納、那覇の地主会に石垣が加わり、振興計画の方向で、解決することになっていた。①県が最初から振興計画でやると言うのではなく、地主会の意見として、更には県議会や全市町村が後押しをして振興計画に載せた。(註：アンダーラインは筆者)
当初から個人補償や所有権返還の問題であれば、行政としては関わり難い問題であった。
次に資料1に関し、議論したい。これはたたき台の材料であり、意見交換をしていきたい。

問題解決案として六つの選択肢を提案する。
(1) 所有権の返還
(2) 個人補償
(3) 国有地の買い取り
(4) 見舞金補償
(5) 一括補償
(6) 団体補償
これ以外に提案があれは、後で申し出て欲しい。質問はないか。

嘉手納町： 読谷村は国から払い下げを受けた後、地主にいくらで払い下げるのか。国からの補助はあるのか。

読谷村： 買った価格で払い下げる。国の補助はなく、自前での買い取りだ。これくらいの覚悟は必要だ。

県： 他に質問がなければ、(1)の所有権返還の討議に入る。方法は二つしかない。争訟と政治的配慮である。何をもって所有権返還を要請するのか。争訟は法律論となる。報告書ではそれは難しいと結論が得られているので、再度提起出来るのかどうか。行政に期待するのであれば、県は沖振計に位置付けて今日に至っている。これを再度覆す形の要請となると、それは不可能に近いと県は思っている。嘉手納町の見解は？

嘉手納町： 終戦後の混乱で各飛行場の状況が違う。それを踏まえて検証したいと地主会は言っている。町長は報告書は正しいと言っ

ている。

県： 政治的な問題で解決するのであれば、要請しかないだろう。感情に訴えることもできるが、この問題はそうはいかない。

石垣市： 嘉手納地主会は、町は表に出るなとのスタンスのようだが、石垣では地主会は市のバックアップを求めている。新石垣空港の問題では、同意書取り付けに、各層が動いてくれている。旧軍地主会も地権者の同意取り付けに動いているが、その意図は何らかの市の強力な支援を、今後要求して来るものであると予見する。

嘉手納町： 地主会は報告書の件で感情的になっている。解決の目途がついたら、町にバックアップしてもらいたい意向だが、今は静観して欲しいとのことだ。個人補償が厳しいことは地主会も理解しているようだ。県と話を積み重ねたいようだ。

県： 次に移る。(2)の個人補償である。連合会は本土では旧地主に返還されたとのことだが、調査の結果、事実誤認がある。連合軍が使用しない土地は、食糧増産のために関係者に払い下げられた。旧地主への補償を前提に行われたものではない。

那覇市： 旧軍が臨時資金調整法を盾に、土地代金を、国債購入だとか、郵便貯金を強制したと書かれているが、全国的にそうなのか。

県： 報告書記載の通り、全国であったものと思われる。本土の場合、

第1章　沖縄県主管課折衝および旧軍問題検討会議の発足

終戦直後に国債の償還や、郵便貯金の返還が行われた。沖縄の場合は、27年間の米軍統治でそれが叶わなかった。国債については復帰直後２年間で、特例をつくり償還している。郵便貯金についても、琉球政府と日本政府で、郵政省の貯金原簿を参照して、戦前の郵貯については昭和44年から２年間で、償還した事実がある。法的処理は済んでいるとみるべきだ。質問のように行政サイドの周知不足で、国債や郵便貯金の未償還者がいる可能性は否定できない。

那覇市：　郵政事業も沖縄独自の事業なのか。

県：　郵便貯金の郵政原簿に基づく金額は、払い戻されているが、預金時の円と、償還時のドルの為替差損があり、差額は郵便貯金会館や住宅を造るなどして、一括補償としてカバーされてきた。法的解決は済んだと考えられる。これは個人に対する補償のやり方が難しいことから、②<u>滞米請求権事業のように、広く地域に還元する補償措置をとったとみるべきであろう。</u>（註：アンダーラインは筆者）読谷村が国有地の買い取りを進めているが、県がどのように絡んでいくか、側面的援助を考慮して問題提起をした。

読谷村：　出発点は所有権回復である。実現には土地の回復しかないとの結論で、国会議員を介して政府を追及し、跡地利用での解決になった。買い取り価格は坪1000円までなら良いとの地主会の感触がある。里道は１割から２割程度になるが、国交省に所管替えしてもらい、無償提供してもらえそうである。跡地利用計画は３割が公共用地に、７割が旧地主に返還を考えている。村の一括買い上げ

で、地主へは10年程度での処分を考えている。

嘉手納町： 旧地主と現耕作者が違うところがあるが、補償はあるのか。

読谷村： 補償は無い。平成17年3月以降に、耕作不可の看板を立て、耕作しない確約がとれている。

嘉手納町： 嘉手納飛行場は半永久的に米軍基地として使用されていく。

県： 跡地利用が出来ない場合、代替は何か。事業か、従来通りの補償要求かという事になる。――ここで県は残りの解決案4から6のモデル、見舞金、一括補償、団体補償を読み上げた。
団体補償をやるにしても課題が多い。那覇市の場合、協議会から500億円の事業計画が提案されているが、その根拠は適正か、運営に何処がどう絡むのかの課題がある。解決が見込めるのは読谷しかない。

嘉手納町： 資料からは個人補償も、団体補償も厳しいとの印象がある。

県： 嘉手納裁判の結果から個人補償は難しいと考える。団体補償は旧地主への金銭的還元ではなく、地域への還元事業である。③<u>地主会がイメージする事業と行政のそれとは異なっており、地主会に</u>

第1章　沖縄県主管課折衝および旧軍問題検討会議の発足

<u>は沖振計の性質を理解してもらう必要がある。</u>（註：アンダーラインは筆者）　市町村の考えを集約したい。市町村も地域の意見を聞き議論を深めて欲しい。

嘉手納町：　協議会と連合会を集めた場所で、双方の歩み寄りを求めないとまとまらない。

読谷村：　<u>④協議会時代にも那覇と嘉手納は地主会の議員の前でよく口論していた。</u>

那覇市：　分裂の状態にある以上、読谷の足を引っ張る懸念がある。団体補償の条件整備が出来た市町村から、作業を進めたらいいのではないか。

県：　地主会を県全体で統一するのはどうか。条件整備が出来たところから始めるのは、次のつぎのステップになるだろう。地主会の意見を聞き、至急市町村の意見をまとめていただきたい。

講評：　アンダーラインの個所に関する筆者の見解である。次回以後もこの方法論を取る。
　① 前段の文章には、県が最初から振興計画でやると言うのではなく、と釈明乃至は弁明をしている。これで明らかなように、県サイドは、最初から門前払いをした事実を、否定しようとはしていない。協議会を、世論と沖縄の政界が後押しをした証左が明確に記されているのである。県サイド

にとり、厄介な問題を抱えたとの、印象はぬぐえない。
② 最高裁による嘉手納地主会の敗訴が、個人補償を否定する根拠になり、それが対米請求権の先例を併用した、個人補償の要求拒否につながっている。
③ 地主会に沖振計の性質を理解してもらう必要があると釈明しているが、先刻触れたとおり、協議会は苦肉の策で沖振計を活用した。その立場に関し、県は全く聞く耳を持たなかった。沖振計の実施機関が沖縄県であるとはいえ、異質の戦後処理の問題提起を、強引に経済問題に異化または収斂する姿に、協議会は異論を唱え続けたことを、ここに明記しておきたい。そしてこのような幹事会の会議の内容など、マル秘にされたままであったこと。そして地主会の要求とは別次元で、一定の方向で解決に進んでいる様子が、全く知らされていなかったことを、遺憾の思いと共に記しておきたい。
④ このような内部事情が、仮にそれが事実であったとしても、行政に筒抜けになっていることが不思議である。議論は当然に沸騰する。その一コマを切り取って拡大解釈をし、分裂の予兆のように、幹事会報告としたのは、フェアな態度とは言えないであろう。

第6回　幹事会記事録の要約と講評　「議事録枚数—7ページ」
日時：平成17年2月15日（火）　13：30 - 15：30
場所：総務部第2会議室（県庁5階）
出席：県、那覇市、平良市、石垣市、読谷村、嘉手納町、伊江村

第1章 沖縄県主管課折衝および旧軍問題検討会議の発足

発言要旨
県： 県政策会議を開き、県の解決に関する方向性を確認したので説明する。

読谷村： 報告書では旧軍事業は、地主会に提案させることになっている。これを基に、地主会は過大な期待を持った。那覇市ではかなりの額の要望があったと聞く。旧軍事業については、報告書でもっと具体的に示すことは出来なかったのか。

県： 旧軍事業は、検討委員会が検討を重ねて提言したものであり、国が認めた事業ではない。今後調整を重ねて、国に取り上げてもらえるようにする。

読谷村： 国の窓口が決まれば、自ずと旧軍事業の枠組みも、決まって来るのではないか。
現段階では全く見えない。国と折衝を行って、枠組みを決めるように、同時並行の作業は進められないのか。

那覇市： 大嶺地主会と調整を重ねているが、事業の内容が漠然としている。県は各飛行場の事情を勘案して、最大公約数的なものは示せないのか。モデル事業的事例で議論をスタートさせる。①<u>報告書では団体補償が早期解決に結びつくとなっている。</u>

県： 将来に問題を持ち越さないようにするには、地主会のどんな

事業が、問題を解決するのか、方向性を確認するのが先決だ。問題解決に行政が先走りは出来ない。県全体で団体補償での、解決の方向性が確認できれば、次の段階での議論が出来る。

那覇市： 鏡水の地主会は、根拠を示さず、個人補償を求めてくる。大嶺は団体補償であるが、解決金ありきで事業を考えている。議論がかみ合わない。

伊江村： 個人補償から団体補償へと傾いてきている。団体補償の内容が分からないため、地主の要望を集約できない。県と村の更なる調整で、具体的な事業案を持たないと、地主会は方針決定まで踏み出せない。

県： 双方に意見が分かれており、県域全体の方向性が見いだせない。県と同じ方向を向く地主会と先に話し合い、了承の下に次の段階が検討できるものと思う。

平良市： 海軍飛行場の地主会の役員会は、団体補償での方針を決議した。だが地主は広範囲に分散しており、全体意見の集約は出来ていない。兵舎跡の地主会は売買契約を認めたうえで、土地を買い戻せないかを模索している。

県： 兵舎跡には現在宮古病院や、市の救急病院が有り、他の官公署もある。現所有者である国の考え方もあり、土地の買い戻しは困難だ。団体補償を求める場合には、地主会や市町村に何らかの担保

を求めるかも知れない。話は変わるが、先月連合会との話し合い中に、団体補償の文言は適切ではないとの指摘があった。それは②行政の瑕疵に対する賠償が補償であり、団体補償の概念は存在するのかとの疑問である。便宜上当面は団体補償を使用する。

嘉手納町： 地主会は当初から個人補償以外の解決策はないとしている。県との調整前後の話し合いの町への報告がない。

県： 新聞紙上では、連合会は県を相手にせず、市町村を頼るとある。感情的に自分たちの正当性のみを主張して詰め寄ってくる。

石垣市： 市長は地主会を支援すると新聞に出たが、裏には新石垣空港の問題がある。旧軍用地の個人補償での解決が無いと、新石垣空港用地は売らないとの、白保地主会の意見がある。個人補償の要求は理解できるのだが、市議会の説明要求に対し、＊経済命令の問題や個人補償の立証が困難と説明した。③昭和53年の県の報告書でも詳細ははっきりしない。
団体補償で何らかの措置を求める地主会が出てくると、白保や平得の地主会の意見も変わってくると考えている。（経済命令については次節の用語の解説を参照のこと）

県： 平成14年12月の石垣市議会の意見書では、個人補償の妥当性があれば、その方向での解決を求めるとあった。議会は報告書をどのように理解しているか、市は把握しているのか。

石垣市： 報告書の内容を、議員は把握していないと思う。特別委員会を設置したが、新石垣空港を優先審議する目的であり、白保のみが話を出すが、平得の発言は無い。

県： 経済命令で、一定の条件の下に、一部の旧軍飛行場用地が、元の地主に売り払われたが、白保の地主会は、特定の地主に返還されたと誤解している。連合会の主張する本土並み返還「全て元の地主へ返還されたとの誤解」には、県は幾度も説明しているが、感情的で、受け入れてもらっていない。協議会は、振興計画に解決の拠り所を求めたものと、理解していたが、これでは前に進めない。

石垣市： 地主会は訴訟も考えているようだが、その際には市は関われない。市長は新石垣空港の進展を優先に考えている。それを県に要請するつもりである。

県： 個人補償を求める地主会や、団体補償を求める地主会について、調整会議でどのような支援が出来るのか、方向性を決める必要がある。本日渡した資料を基に、他の市町村との整合性は気にせず、各々の立場で、解決策につき回答をしていただきたい。

那覇市： 両地主会の出発点が異なる。県が方針を明確に示していくことで、市町村の方針も決まる。

県： 政策会議で県の方向性は確認できた。県の方針は固まっており、連絡調整会議で説明する。嘉手納は、政治的配慮による解決方

法は、ゼロではないとするが、受ける国の裁量に委ねられることになり、解決に結びつくかわからない。県としては、④政治的配慮で解決策を振興計画に求めたと考えており、この方向でしか国には当れない。

読谷村：　旧軍問題の文字が振興計画の中に出た。天地がひっくり返るほど驚いた。三次にわたり、振興計画に位置付けを求めたが、相手にされなかった。今回は大きな政治的配慮があったと理解する。このことは両足を突っ込んで、本気で取り組んできた人でないと分からない。

県：　振興計画で解決を求めるとした場合に、個人補償はなじむのか。

読谷村：　馴染まない。振興計画は、国からいかに補助金を引き出すかの糸口に、活用すべきものと考える。

那覇市：　大嶺の地主会に補助金を出している。地域振興に寄与すると考えたからである。個人補償は振計に馴染まない。

県：　連絡調整会議で県全域としての、解決方針を決定し、県民に示す必要がある。今年度中に文書で市町村の考えを聞きたい。連絡調整会議には解決方針を提案したい。今後とも協力を願いたい。

傍線註
① 報告書の作成意図が明確になった。それは最高裁による嘉手納裁判により、個人への補償が否定されているが、沖縄各地に点在する、旧軍飛行場全てが、買収されたとする国の主張に難点があるからである。那覇市などには、一切の売買契約は存在しない。反復になるが、それを何らかの形で、戦後処理を求めたのが、協議会の最後の砦とする沖振計への掲載である。
② 賠償と補償の、厳密な使用方法に疑問が残る。賠償とはあくまでも、民法上の債務不履行や、不法行為に基づく<u>損害の賠償</u>のように使用される。それに対して補償は適法だが、<u>損害を補てん</u>するとの意味がある。なお団体補償の概念が、成立しないと、連合会は指摘する。論理構成の脆弱性が露呈した。昨今、喧しく議論された集団的自衛権に対し、違憲の指摘があったが、これに対し立法者側は、個別的自衛権が存在する以上、違憲ではないとした。そして絶対多数で、新安保法制を可決させたことは、記憶に新しい。裁判に基づく敗訴を蒸し返して、個人補償に固執する戦略に、今後の連合会の行きづまりの予感を感じる。その証拠に、しばらくは団体補償の語を使用すると、県にあっさりとイナされている。
③ 昭和53年の報告書とは、当時の大蔵省の調査報告書とは別の、県の独自調査である。双方の報告書は、「第一編 運動前夜」で、取り上げたのでここでは割愛する。
④ 政治的配慮は、協議会の最大の拠って立つ、解決方法であ

る。付帯決議をみれば分かる通り、振計に掲載せざるを得ない「付帯決議」であった。協議会の戦後処理を解決する運動が、沖縄県により、一つの経済政策に貶められたのは痛恨である。

第7回　幹事会議事録の要約と講評　「議事録枚数─13ページ」

日時：平成17年6月21日（火）　13：30－16：00
場所：福祉保健部第5会議室　（県庁4階）
出席：県、那覇市、平良市、石垣市、読谷村、伊江村

県：　意見交換に入る前に、参考資料(意見一覧)について説明する。忌憚のない意見交換を行いたい。

伊江村：　去る6月14日に、地主会総会があった。一部を除き、多くは団体補償に傾いている。解決方針として、止むを得ないとのことである。地主会は7の支部からなっており、二つの支部からは、本島・伊江島間の架橋や、大型フェリーの建造、国営老人ホーム建設が上がった。地主会員は約120名おり、団体補償で統一が出来ていると考える。

那覇市：　大嶺地主会の会長は、問題解決の進展がないことに焦っている。氏によれば旧軍飛行場用地19万坪のうち、個人補償を求める鏡水の旧軍用地は、2万5000坪に過ぎない。
鏡水の了解が得られない現在、団体補償による解決は苦渋の選択と考える。①個人補償を求める地主会からは、われわれを支持してく

<u>れとの要請がある。</u>　仮に団体補償でいくとした場合に、具体的な金額提示がないと、事業計画は難しい。現に大嶺からは、毎年の土地の賃料の積みあげ金額が、500億円になると試算している。国との調整に当たり、それをどう考えるか、打診が必要と思われる。金額を積算する方法の根拠は、今はこれしかないのではないか。

県：　これまでの説明会において、委託調査報告書を参考に、事業ありきでないと、振興計画での解決は難しいと、述べてきている。

那覇市：　那覇市と嘉手納町は現在、飛行場として使用されている。読谷村のように土地活用での解決は難しい。対米請求権事業のように基金を設立するか、または島田懇談事業のように施設にするか、何れにしろ、具体的な数字が見えてこない中では、どちらも難しい。旧軍問題は政治的なものもしていかないと進展しない。

石垣市：　白保地主会と平得地主会は、個人補償を求めている。この問題の当事者は地主会と国である。県と市町村は手を出すなと言っている。市も県と同様に、検討委員会を設置して、調査・検討することになった。地主会の個人補償のスタンスは動かない。地主会は連合会として、国に要請活動をする意向である。なお両地主会の要件が異なる。白保は農地であり、平得は飛行場だ。白保では旧地主に耕作させず、借地人に耕作させた。平得では経済命令第4号による不利益の問題があり、団体補償検討も形態が異なってくる。平得の現空港周辺の国有地は、競争入札で売られており、土地の活用については、地主がノーと言っている。

第1章　沖縄県主管課折衝および旧軍問題検討会議の発足

県：　個人補償を求める、石垣の補償額算定はあるのか。

石垣市：　詳しい積算資料の提供はしてもらえなかったが、嘉手納方式で、50数年間の借地利用と農作物の収穫で、20数億円と試算している。

県：石垣には売買契約書が存在し、法的には個人補償は不利ではないのか。

石垣市：　②登記簿が実際に一筆一筆残っている。権利の譲渡があったから、裁判には逆に有利になると嘉手納地主会から話があった。

県：　裁判に詳しくない我々から見て、書類が揃っていることは、逆に不利のように思う。

石垣市：　③旧海軍の事務処理は終戦以前に全て終わっている。旧陸軍は終戦後の11月・12月まで、土地の移転手続きが行われていた。地主会構成メンバーは高齢化している。その下の世代なら団体補償でいけるのではないかと思う。④平得地主会は土地を取り上げられた自分たちが、会社経営で難儀をして利益をもとめないといけないかとの感覚である。自分たちは、国から補償を受け取る正当な権利があるとしか言わない。慰藉事業についてはマラリア慰藉事業を経験している。慰霊碑や平和祈念館が建てられたが、記念館について個人へ金が入らず、一部では猜疑的だ。猜疑的とは、遺族は個人補

償を求めたが、そうはならなかったと言う意味である。前回の幹事会で申し上げたが、読谷と区別して、他の地主会には団体補償とし、那覇市のように金目のものが出てこないと、理解が進まないのではないか。

那覇市： 地主会は補償金が貰えるとの、一縷の望みを抱いている。算出した400億円の解決金をどう評価するか。⑤<u>国は正当な手続きを経て取得したとしている。</u>国がどう評価してどの程度の額になるのか分からないが、根拠となる数字作りが必要だ。

県： ⑥<u>金額が土地所有を前提にしているので、裁判に勝たない限り、その数字にならない。</u>
⑦<u>委託報告書にあるように、戦後処理の事案を説明する。</u>　第3回連絡調整会議を開いて問題解決の方向性を決めて行きたいと考えている。

那覇市： 市町村ごとに数字が決まれば、すぐにでもプロジェクトチームを作り、取り組んで行くことは出来る。

県： 振興計画に従来馴染まなかった事業で、地主会と協議をして、旧軍事業として提案することも考えられる。

那覇市： 団体補償で解決しても、一方が取り残される。将来に問題を持ち越さないとする、解決方針と逆の結果になる。

石垣市： 一定の数字を希望しても、結果的にその何分の一の事業になる場合もある。出口が見えない中で、団体補償の話はいかがなものか。連合会は団体補償の話を持ち込むと、組織の切り崩しと捉えかねない。現実的に裁判を辞さないとする地主会もある。

那覇市： 沖振計に載せたという事は、個人補償を想定していないことは明らかだ。

石垣市： ⑧その辺の認識が最初から違う。沖振計に載ったのは、自分たちの主張が認められたんだとの、認識でスタートしている。

那覇市： 個人補償となると市町村は、利害関係者になる必要はないのではないか。振興計画に載せたものを、存否があるからと言って、放置するわけにはいかない。個人補償を求める団体を切り捨ててでも、団体補償する決意が無いと、問題は進展しない。

県： 個人補償を求める地主会については、裁判に訴えてもらうしかない。

那覇市： 土地代金を強制的に国債や郵便貯金にさせられ、現金を受け取らなかったものや、接収された土地でも、戦後の土地申請の際に、拒否された者や、認められ軍用地料を受けているものなど、不公平な取り扱いがあり、納得できないとする地主もいる。旧地主の気持ちは分かるが、資料検証では法的瑕疵を指摘して、裁判に勝つことは難しい。

石垣市： 白保では土地の登記簿で、権利移転を確認できるが、お金の収受については、貰った人とそうでない人がいる。平得については、佐世保の郵便局から、少額だが数回に分けた入金があったようだ。同じ連合会に属していても、このような違いがある。

那覇市： 那覇空港でも似た状況があった。⑨土地の申告を受け付けたところと、受け付けて貰えなかったところがあるようだ。行政の責任だと言われている。

県： 確かに、浦添、西原では旧地主に所有権が戻されている。

石垣市： 地主会から裁判も辞さないと言われたときに、市長はどうぞと言ったが、実際には出来ないと思う。

県： 沖振計の期間があるので、過去の事例を参考に、団体補償について検討する。

石垣市： 出来るところから先に進めるとのことであった。現時点ではどうか。現在は団体補償で進んでいる。今後ともそのように進めると理解して良いか。

県： 読谷に旧軍問題の先行事例がある。説明をしてもらう。あと２回程度の幹事会を持つ。各市町村で政策会議のようなものを持ち、旧軍事業について検討していただきたい。

第1章 沖縄県主管課折衝および旧軍問題検討会議の発足

那覇市： 市長から団体補償で進めよとの指示がない。土地があり、その価値が分かり、賃料ならいくらと算定し、利益が分かると、計画はやりやすいが、何もない中で事業案を出すのは難しい。

県： 旧軍事業については、地域的な事情がある。進めて行くには段階がある。議論を幹事会において深耕したい。

那覇市： 事業案については、政策会議において意思決定し、提出すると言うことか。調整会議で方向性を確認して行かないと、前進しない。

県： 旧地主の提案が基本であり、決定は出来ない。このようなものをイメージしていると言うものを提示してもらい、議論をしていきたい。

石垣市： 調整会議で、団体交渉でまとまると、嘉手納と石垣は非常に辛くなる。出来るところから進めて行き、中身については他の市町村は、意見を言う立場にないと考える。再度地主会の意向から始めないといけないのではないか。

県： 地主会の意向を聞くのが本来であるが、行政からいいアイデアを出せないかとも考えている。

那覇市：事業の話の前に、金額が問題になる。金額の算出につい

て何処が問題かとなる。事業の話はほとんど出ない。

県： 戦後処理で行われている事業や、市町村で実施されている振興計画を参考に、県と調整しつつ、地主会と意見交換をしていただきたい。

那覇市： 前提に金額があり、事業案を話し合う雰囲気に無い。那覇市総合計画などから幾つか案としてあげることは可能ではある。

県： それでも旧軍事業としての理屈がつかなければならない。

読谷村： 地主会から慰藉事業を行いたいとの意向もある。

県： 時間になりました。団体補償や個人補償の意見があり、更に議論を深めて、調整会議に諮れるようにしたい。次回は8月を予定したい。

註解
① 全アンダーラインの項に、共通する看過できない事実がある。それは得手勝手な連合会の正当性の主張である。連合会は自らの組織が、正当な団体であると主張しているように見える。分裂の最大の不幸を加速するのは、協議会と連合会に切り分けられた状態を、県が唯々諾々と承認し、双方を交渉相手にした結果の混乱である。
② この発言にいたっては正気の沙汰とは思えない。最高裁判

第 1 章　沖縄県主管課折衝および旧軍問題検討会議の発足

決の重みを実に軽視している。案の定、その後に続く裁判で、連綿として両地主会は敗北を続けることになる。現実を透徹した見方で、判断する思慮があるのか、疑問無しとしない。

③　これほど明確な事実がありながら、補償を求めるのは尋常ではない。那覇においては土地売買契約の証拠は一切なく、しかも防衛省にも、那覇に関する書類は一切見当たらないのである。それが契機となり、那覇地主会「後に那覇市は、大嶺と鏡水の二地主会と分けて、呼称するようになるが、そのまま那覇地主会の呼称で論を進める。その理由とは協議会は事実上読谷と二地主会の共同作業であり、論を進めるにはこの名称が最も適切であるからである」は、戦後処理を求める運動の先頭に立ち、第四次振計への記載に成功させたのである。

④　石垣の地主会を先導したのは、元県庁の役人である。彼等の論法には、補償を要求する理論的根拠が見当たらない。強制収用であるから補償を要求する。それは現在にも通用する理論であろうか。「調査書」には、全国の旧軍に接収された、土地の一覧表が載っている。石垣の地主会は、それ等の地主会に個人補償の調査を行い、正当な個人補償につながると、考えたのであろうか。石垣の地主会は石垣市の要求に対し、理論的根拠を拒否している。それでは個人補償の要求は虚しい。

⑤　前出の③で指摘したとおり、防衛省即ち国に売買契約書は存在しない。従って正当とは言えないと、那覇地主会は、

協議会設立に動いたのである。
⑥ 補償の方法には幾つかの方法論がある。最も分かりやすい手法として、那覇地主会は軍用地料を参考にした。しかし県も那覇市も、国所有の那覇飛行場であるから、参考にならないと、その算出方法を無視した。契約書の不存在を無視して、嘉手納裁判をよりどころにする手法に、地主会への無理解が露呈していると言える。
⑦ 委託報告書に関しては、その項において、詳細に論じてある。
⑧ この発言に至っては、開いた口が塞がらない。再三強調したように、実際に沖振計への掲載には、那覇地主会が中心になり、読谷の共同により、衆参両議院への要請、しかも沖縄県選出の全国会議員を動員して、国会閉会間際のぎりぎりで、付帯決議案に盛り込み承認させた。成功の陰には、那覇地主会と読谷地主会の、人知れぬ緊張の瞬間があった。国会議員の皆さんにも、打つ手がないと思われた。しかしはたと膝を叩いた議員がいた。「そうだ。付帯決議がある」。それから国会議員が色めき立った。衆議院議員は衆議院で、そして参議院議員は参議院で、根回しに奔走した。その時、那覇の地主会長は、所用で外国にいた。読谷地主会長と筆者「当時の肩書は協議会の事務局長」の二人は、その結末を固唾を呑んで見守った。そんな隠れたエピソードなど、殆んどの者は知らない。それだけではない。全市町村議会の意見書取り付けに、この三役が奔走して、議決の成功に導いたことも、併せて付記する。なおこの活動には、嘉手

納地主会や石垣地主会、それにその他の地主会も、一切関与することなく、傍観を決め込んでいた。石垣市の発言には、憤怒どころか、名状しがたい悲しみを覚える。問題の根底に、このフリーライダーの跋扈を許す、県の態度にも限りない失望を覚えるのである。

⑨ 県も認めているように、担当者のさじ加減で、戦後の軍用地の所有者申請が、恣意的になされた事実がある。噂では該当者を、村八分にするなどの、嫌がらせがあったと聞く。当時の那覇市長の暴言まで巷では噂になった。ともあれ、沖縄県軍用地等地主会連合会（土地連）の礎はこの調査に基づくものである。

第8回　幹事会議事録の要約と講評　「議事録枚数—11ページ」

日時：平成17年11月18日（金）　11：00－12：00
場所：福祉保健部第5会議室（県庁4階）
出席：県、那覇市、宮古島市、石垣市、嘉手納町、読谷村、伊江村

県：　今回、那覇市で、「旧軍飛行場用地問題事業可能性の調査・検討」を実施する。県も支援したい。11月補正で予算要求をしている。第7回幹事会以降の動向について、報告する。8月18日から25日にかけて、各市町村を訪問した。8月3日には、連合会の石垣、嘉手納、鏡水の地主会の訪問があり、個人補償を主張された。①那覇市で委託事業を進めるが、鏡水は団体方式に理解を示し、事例提示を受け、進めて行きたいと話があった。

嘉手納では地主会との面談は無かったが、団体方式による解決に一

定の理解をしていると捉えている。宮古では、飛行場跡地の地主会が、協議会に加入していることから、団体方式による解決としている。兵舎跡地の地主会は会員が少なく、当初の個人補償から団体方式に理解をしてきている。石垣は団体方式による解決は難しい。②団体方式の用語は、議会等でも使用しており、今後は団体補償を使用しない。補償とは瑕疵を認め、償うことを意味するから、誤解を招かないように、前議会から団体方式に言葉を統一した。

伊江島は何処にも所属していないが、団体方式を志向している。那覇市の事業がモデルとなり、国に説明・要望を行い、事業の内容をまとめ、手本になることで、他の市町村でも那覇市に追随して、問題解決が図られると考えるので、補正予算で那覇市を援助し、委託事業を進める。委託事業の内容について、那覇市の説明を願いたい。

那覇市： 8月25日に、三役と鏡水地主会の会合を持った。地主会の役員は、団体方式を止むを得ないと認識している。旧軍事業が動かなかったのは、個人補償であれば、裁判で解決すれば良いが、団体方式の場合、どういう事業が振興計画に馴染むのか、具体的に出てこない。何処へも提示できず、進捗が無かった。このことから、12月の補正予算で、何が旧軍事業と想定できるか、調査委託事業を計画した。議会サイドの政治的軋轢のため、会派説明で厳しい反発を招いている。これまでの経緯を確認し、県内外の旧軍事業を、委託事業で調査する。各市町村にもヒアリングを行いたい。土地が帰る読谷のような事業は出来ないので、何が相応しい事業であるのか、地元のシンクタンクにお願いして、調査の実施にはいりたい。③委託事業と言っても、関係地主の利益につながるものだけでは、

<u>振興計画に馴染まない。慰藉事業プラス地域振興に役立つものと言う条件があり、市民・県民に寄与する事業と言う大きなテーマがある。</u>県の300万円の補助と、那覇との予算合計600万円で発注する。

県：　県が那覇市の事業に、支援する目的を説明する。那覇市の地主会の、考え方が変わってきたことにより、他の市町村に先行した形で、リーディング事業を実施するものである。
那覇市の調査事業の成果を確実にし、関係市町村に波及させて、解決促進を図るため、補助を決定した。調査事業の成果については、実際に出て来た事業を参考に、各市町村と地主会が、問題解決に活用していただきたい。シンクタンクが地主会と面接調査にのぞむが、県が露払いをする。出来れば行政と地主会が話し合い、これがいいと提示してくれるのがよい。事業案を提出し、それが慰藉プラス振興計画に見合うのかを基準に、案の淘汰をするのが理想だ。連合会の嘉手納と石垣の地主会役員には、話す機会を設けたい。その際には行政の協力をお願いする。

石垣市：　ヒアリングはコンサル委託か。アンケート形式か。全地主に聞くのか、組織の何名かにするのか。

県：　実際のヒアリングである。県が地主会に業務委託を説明する。次に地主会と市町村で事業案について話し合い、意見を取りまとめて提出してもらう。それからコンサルによる地主会幹部へヒアリングをする。矛盾しているのは、地主会は自らでは、事業案が出せないから、事業案を例示せよと来る。希望する事業について、市町村

と地主会で話し合いを取りまとめて、ヒアリングに望んで欲しい。ヒアリング後に委員会で、調査・整理し、事業案をまとめ上げる。那覇市は実際に例示された事業の中から、事業の規模、組織まで踏み込んで検討して行く。

石垣市： ヒアリングを実施し、仮に事業案が上がったとしても、それだけで前進するわけではない。他の市町村は、事業化の必要はあると思うが、事業化を考えておらず、来年、再来年に、流れは那覇市と同じステップにはならない。そこを地主会に説明する必要がある。

県： ヒアリングで、地域振興事業を調査して、粗事業案(A)をだし、旧軍事業に馴染むものが(B)即ち全旧軍事業である。(B)の中でもし出来るものがあれば、石垣市としてどう進めるか、次のステップを考えている。慰藉＋振興の条件に合わなければ、捨てなければならない。可能性のあるものがストックされる。那覇市がストックの中から引き出す。やりたい事業について、他の市町村が、那覇市の後を追うことが出来るのが今回の調査である。

那覇市： 具体案が出て、土地が必要になる場合に、那覇市には土地が無い。石垣、宮古に土地があれば、その案は参考になる。調査結果は、那覇市が独占するものではなく、場所を変えても参考になるものを提案して行く。

県： 今までの幹事会の意見を総括すると、事業案は地主会が出し、

市町村がまとめ、県と調整すると、話の繰り返しである。那覇市は両地主会の方向性が決まり、条件が整った。事業化に向けて調査委託を行い、県が補助して、各市町村の参考にする趣旨である。

嘉手納町：　地主会は、県と定例会を持ちたいと望んでいる。市町村と地主会で決めて上げた場合に、その意見が通らなければトラブルになる。何を出すか、何を出してもらいたいかを聞くべきだ。

県：　ヒアリングの説明で、そういう話が出たら良い。手順としては、コンサルに投げっぱなしではなく、県も積極的に参加する。

嘉手納町：　地主会には、具体的な案は無いと、当初の悩みがあった。事業を県に上げた場合、条件、慰藉に該当しないと、棄却された場合に、新たなトラブルが出る心配がある。

県：　十分説明を行い、相談に乗る雰囲気を作ることが必要だ。どうしても個人補償という事であれば、ケジメをつける時期である。政策会議の中で、団体方式で解決を求める方針を確定したので、その方針以外で、問題解決を求めることは無い。個人補償の論争は行わない。団体方式による解決に向けた調査を行う。

嘉手納町：　説明の中で、個人補償を否定する発言は、控えて欲しい。トラブルになる。

県：　今回の調査は、団体方式を進めるためであり、ヒアリングで

個人補償の話が出ても、調査会社としては応じられない。

石垣市：この事業に協力して、旧軍事業が成立したら、団体方式ありきになる。個人補償をうたう以上、前向きに捉えたくない。

県：　今回は団体方式に基づく調査である。私権の問題になることから、当然個人補償を求めるなとは言えない。

那覇市：　④沖振計に載せるときに、非常に心配して、大丈夫かなの気持ちで、提案した経緯があり、個人補償を求める地主会の考えが変わり、何らかの形で動かす必要があると考えた。今回は政治のところで困っている。全議員が賛成した協議会があったが、方針の違いから解散している。そんな時期もあったので、今回の振興計画で動かす。議論の対象になる事業の提案を期待する。

県：　市町村の動向を聞きたい。連合会は幹部で来ると、個人補償を言う。石垣に資料があるとするが、契約や登記が残っている。嘉手納は新資料の発見に苦慮している。嘉手納の会長が、連合会の理論構成の中心におり、石垣はその会長の意見で動いている。鏡水の幹部は理解できているが、高齢者には浸透していないとのことである。石垣の動向はどうか。個人補償の話は無いのか。政治的決着を求めると言うなら、独自の組織を作り、行動すべきではないのか。

石垣市：　ほとんど進んでいない。よくわからないが、前の担当者が、現在の飛行場の登記の附票を取ってあげたらしい。地主会は定

第1章　沖縄県主管課折衝および旧軍問題検討会議の発足

期的に集まる様子がない。先に進んでいないようだ。

県：　伊江村はどうか。フェリーや架橋の話があった。

伊江村：　新たな動きはない。

県：　読谷はだいぶ先に進んでいるが、地主の要望はあるか。役場の対処は。

読谷村：　慰藉事業については特にない。役場は今の取り組みも、戦後処理として行っている。

県：　<u>⑤返還による解決でもって、旧軍飛行場用地問題の解決を図るものと理解する。</u>

宮古島市：　飛行場後のメンバーが点在して、集まるメンバーが少ない。団体補償となった場合に、どういうメリットがあるか分からない。兵舎跡のメンバーは少なく、個人補償の考えをもっている。旧地主にメリットのある事業でないと難しい。

県：　議会の終わる12月に各市町村をまわる。後日、日程調整を行う。那覇市の薦める委託事業について、モデルとして進めたいので、協力をお願いする。

註解

① この鏡水の発言が、事実上、連合会離脱の原因となった。鏡水の事業がそれによって加速して行く。

② 県の見識に只々脱帽する。誤解もここまで来ると、訂正するのに勇気がいる。補償は適法行為の結果、発生する損害の費用に対する償いなのである。瑕疵なら補償ではなく損害賠償である。いとも簡単に団体補償から、団体方式に転換する、その論理の回路が分からない。両語とも異質の語彙である。木に竹を接ぐ論法に似て、言葉が出ない。団体方式の反対語は、さしずめ個人方式である。その言葉は存在するのか。県は、協議会が真摯に追い求めた、戦後処理による解決の、意味内容を把握していたのか。戦後、日本国は近隣諸国に、その被害に対して賠償を行っている。弁護士会「日弁連」編纂による「戦後賠償」は、沖縄に通底するものがあると識者は言う。旧軍飛行場用地問題は、優れて土地賠償の問題なのである。

③ ここで問題が見事にすり替えられた。何度も強調しているが、当初の運動体は那覇、読谷、嘉手納の旧軍地主会である。そして事実上の活動は、那覇と読谷が行った。我々の呼応に反応せず、振興計画への記載で、県が呼びかけた地主会とその所在の市町村が、振興計画の枠内で事業を展開するとの構図は、協議会の選択肢にはなかった。そして振計の枠内との設定で、協議会が意図した「戦後処理の話し合い」は、実現することなく、一方的に慰藉事業にすり替えられていく。慰藉は精神的苦痛を最大の補償対象とする。旧軍

第1章　沖縄県主管課折衝および旧軍問題検討会議の発足

用地は有体物である。昭和18年に始まる、その書類無き接収による国有地化に、那覇地主会は異論を唱えた。有体物に対する償いには、慰藉の用語はなじまない。何故なら慰藉とは直接対象になる「人間」にむけられた用語であり、土地をベースにした、戦後処理には馴染まない。

④ ここでも我々は驚愕の事実を知る。那覇市がここまで関わり合い、県と共同で沖振計に載せたように発言している。果たして真実か。繰り返しになるが、衆参両院の付帯決議は、旧軍飛行場用地問題を、戦後処理として、振計で実現せよと迫っている。一市町村の配慮で出来るシロモノではない。ましてや県との協業である筈がないのである。もうこの辺で良かろう。

⑤ 県のこの発言は、注目に対する。しかし現実には、読谷村はしたたかにその戦略を駆使する。75万坪のあの平坦で、使い勝手の良い読谷台地と、国道58号線が東西に分断する、東側山岳の尾根の一部の3.5万坪を、等価交換と称して最終的に戦後処理を収束させるのである。しかし国は、頑強にこれは私法上の取引であると強調する。如何なる強弁があろうとも、読谷村は悲願である、読谷台地の失地回復を果たしたのである。読谷版ミニレコンキスタの完成である。しかしそれで終わらなかった。旧軍飛行場用地問題と称して、農業振興の施設を後に明確になる、調整金を受領して、一大農業生産施設を完成させる。そこには人生の半生をかけた、一人の賢人の存在を、読谷の民は忘れてはならないだろう。

第9回　幹事会議事録の要約と講評「議事録枚数―15ページ」
日時：平成19年5月25日（金）　15：00－16：45
場所：県庁4階第4会議室
出席：県、那覇市、宮古市、石垣市、嘉手納町、伊江村、　読谷村（欠席）

県：　一年半ぶりの開催となる。今日は那覇市の、「旧軍事業事例調査の概要」の、紹介を御願いする。今後の参考にしていただきたい。重要なのは、旧地主に対する慰藉を、念頭に置きつつ、いかに地域振興につなげるかで、事業内容や目的に留意したい。県も地主会と話し合いを持ちたいと考えているが、地域の発意が基本であり、各市町村に負うところが大きい。問題意解決を、一緒にやっていきたいのでよろしく。先ずは那覇市の説明を。

那覇市：　まず那覇地主会は、財務省と内閣府に、陳情したことを報告に来ていた。県が来たらちゃんと対応するとの返事であり、このような動きがあることを期待して、報告書をまとめた。平成14年7月10日に沖振計の中で「沖縄における不発弾処理や、旧軍飛行場用地など、戦後処理等の問題に、引き続き取り組む」と明記された。この一文によって、われわれは旧軍飛行場用地問題に、取り組んでいることになります。平成15年に沖縄県から「旧軍飛行場用地問題調査・検討報告書」が出され、解決の方向性が示された。平成16年11月24日に、県の政策会議では、「団体方式を解決策として、旧軍事業を検討する。旧軍事業の要望案については、地主会の提案を基本として進める」と、基本方針が確認された。読谷村は

第1章　沖縄県主管課折衝および旧軍問題検討会議の発足

土地が返還されるが、那覇の旧軍飛行場用地は、返還の見込みがない。これが今回の調査となった。振計も5年が経過しているが、進展がない。理由は二つの地主会の見解の相違にあった。那覇市議会で平成17年の補正予算が否決された。慌てた鏡水地主会が、団体方式に方向転換した。両地主会は折り合いが合わず、非常に頭が痛い。

第2章であるが、嘉手納・石垣の地主会の協力が得られず、事業の具体案は無い。

第3章の事業案については、県の補助金を受けての事業であり、全県的な調査を行い、各地主会に例示した。事業の安定性をコンセプトに、長年にわたる、安定した慰藉事業が出来ないかを検討した。検討委員会は4回、調査期間も11月から3月末と短い。掘り下げた検討が難しく、容易に事業が出来る内容にはなっていない。那覇市の事業案には、沖合展開関連の事業案も出た。国の主導で沖合展開するのであれば、①那覇地主会は、奨学金制度、沖縄ガン拠点病院、ＰＦＩ方式の那覇市の市庁舎建設などを、事業例に挙げた。一方鏡水は港から空港への、沈埋トンネルの空港側の土地を使用して、何か事業化できないかとのことである。那覇空港関連事業には、成田空港を参考にしている。旧地主の警備業務や、清掃業務の関連会社があるが、それは随意契約である。報告書の事業内容は他に次の通り。

保健センターや陸上競技場、市民会館の建て替え、健康増進施設、これは具体的には温泉事業である。島懇事業でも宜野座のタラソがあり、久米島には同様の施設がある。事業に投資するファンド事業などがある。要約すると那覇空港関連事業、公的施設建設事業、健

康増進施設、ファンド事業の4事業である。「那覇」地主会は行動を起こしている。市議会のある会派に呼ばれて説明を行った。国会議員団の五の日の会にも説明に行く。県が内閣府と財務省に、説明に行く頃を見計らい、市長にも行ってもらうことにしている。事情は違うと思うが、各市町村に今回報告書を参考にしていただきたい。

石垣市： 4案あるが、全部一つの地主会でやるということか。膨大な金額になる。

那覇市： 那覇市で一つである。2地主会でも100億円は、到底受け入れられない。

県： 次の議題は、旧軍事業事例案についてである。那覇市の報告書をベースに、一覧表を少しアレンジして、作成している。網掛けが検討委員会案。分野ごとに分類してある。農業、観光、都市環境など等。国交省の地域振興ライブラリーに準拠して作成した。内容であれば、ハード事業か、ソフト事業か、ハードであれば、建物の整備、面的整備、社会基盤整備等に区分される。今、説明があったのは、あくまでも那覇市の可能性調査に出て来た事例である。

嘉手納町： 一番の目的が慰藉事業となっているが、案が決定・実施となると、事業は地主会が中心でやることになるのか。

県： 地主会が何らかの形で、関わらないといけません。地主会が法人を設立すると、資本と経営の分離の方法もあり、運営を専門家

第1章　沖縄県主管課折衝および旧軍問題検討会議の発足

に任せて、地主の慰藉につながり、地域振興につながる事業が考えられるという事です。

那覇市：　②たとえば温泉施設を、地主会が、運営することは大変です。施設を作り、賃貸の利益で、慰藉事業を行うなどが考えられる。北谷はこの手法をとっている。業者は儲かればいいのです。たとえば、3000万円で施設を賃貸する。それで奨学金や公民館等の、諸々の事業をやると提案している。

宮古島市：　国に要望書を出すという事だが、地主会の方針が、一つにまとまらないと無理ということか。

県：　それは難しい。団体方式で、まとまってもらうことが大前提です。それができれば国へ持っていきやすい。個人補償の主張があると、国はそれが県の統一した方針かと聞いてくる。要望書を県がまとめて、国に提出するとなると、個人補償の方々をどうするかとのことになるが、可能な限り、団体方式で、この問題を解決したいと思います。

那覇市：　我々が先に国に行きます。県の立場はよく分かりますが、県全体を待っていたら、これはとうてい無理です。③嘉手納や石垣を待っていたら、残りの5年が直ぐに経過します。那覇飛行場に関しては「団体方式で」まとまっている。県の説明では、単独の市町村で進めるのは、難しいということになる。

県： 県としては、全体の統一が無ければ、それをもって行けないということです。那覇市が進むと、場合によっては、個人補償の方々も、考え方を統一の方向に持っていけるのではないかと。次に連絡調整会議を開く場合に、地主会全てから、統一的な方針で、団体方式で国に正式に要請する段階に来た時に、市町村長が集まって、最終決定をして、要望書を出す手続きが必要で、それなしには国に正式に持ってはいけない。

那覇市： 島懇事業や北部振興策のように、総額を決めて、新しい事業をする形式が、理想的だと思う。個別に行くと、補助制度がないのに、どうしてどうやってやるのか、非常に難しくなる。

伊江村： 事業費は、100％国庫補助が前提ですか。

那覇市： ④当然そうです。市が負担する前提は無い。島懇事業では9割が国庫で、残りの一割も、90％を起債するので、実質99％が補助でした。税金で特定の地主のために、事業をやることは出来ない。3割程度は市にメリットがないと、難しいと思う。一方的に市民の税金を一定の関係者に使うことは出来ない。その視点が報告書に少し足りなかった。

県： マラリア事業の時、事業は国がやる。見舞金は県が出したらどうかとなったが、問題の本質から、県が負うべきではないとなった。問題の基本は、やはり国が全てを出すべきだという事で、那覇市が言ったように、県としてのスタンスも変わらない。報告書には

第1章　沖縄県主管課折衝および旧軍問題検討会議の発足

35の事業案が提示してあるので、地主会と相談して、市町村の地域計画の中で、地域全体の振興計画に、位置付ける事業が、この中にあれば、説明の時に通りやすくなると思う。

県：　次に移ります。市町村の状況報告です。那覇市は、地主会の方針が変わったという事になりますね。個人補償を求めていた地主会も、団体方式に変った。嘉手納はどうですか。

嘉手納町：　個人補償に固執する気はないが、直ぐに手を下げる気もないとのことです。報告書は見ていないが、見たいとのこと。それは見せても良いですね。

県：　公開資料は構わないが、それ以外については、取り扱い注意で願います。

嘉手納町：　先ほど聞きそびれたが、事業費は100％国庫補助ということか。

那覇市：　われわれは100％国庫を要求するという事です。

嘉手納町：　⑤市町村が少し負担することになって、運営は地主がやるとなると、市町村にメリットが無い。その心配はないのか。

那覇市：　地域振興に結び付かない、慰藉事業はやりません。この報告書では、市町村のメリットがあまりでないのが課題です。地域

第3編　連絡調整会議と幹事会　207

振興、少なくても、那覇市全体として再開発事業が進められるのであれば、当然振興に資する事業であり、少なくても那覇市にメリットがないといけません。たとえば10億円のうち、3億円は市町村に何らかの形で入れて貰えれば良いとの考えです。

伊江村：　地域計画には上がってはいませんが、都市部における、伊江村出身者の学生寮は、とってつけた話ではなくその動きがある。伊江島には高校が無く、南は糸満まで、30幾つかの学校に散っており、その中でも浦添、那覇に生徒が集中している。出身者が浦添でアパートを経営しているが、改装して学生寮にする話もある。⑥<u>温泉や屋根付き野球場等、後の維持管理が大変とおもわれる。</u>

宮古島市：　宮古飛行場の地主会は、団体方式でやるとなると、公民館建設を希望している。
兵舎跡地は宮古病院の移転の話もあって、個人補償を要求している。移転決定はまだないが、順序として、八重山病院の後になり、数年後のこととなる。

石垣市：　個人補償を求めているが、平得は、メニューの事業案が出来ていることに、関心を持っている。昨年、白保は東京要請を行い、民主党の要人に要請した時に、難しいと言われたようで、相当のショックを受けている。

県：　嘉手納町長が、沖縄振興計画の総合部会の、委員になっているが、旧軍問題について「地元に予算をくれないか」と発言してい

る。個人補償を前提としての発言か。

嘉手納町：　町長は以前、地主会の事務局長をしたことがあり、個人補償を訴えてきた。最近地主会の意見も、変わってきているので、今は地主会の意見を聞こうとの段階です。

県：　次の議題の意見交換に移ります。先ず6月議会の日程を承りたい。それから日程の調整に入ります。地主への説明会には、皆さんの同席をお願いする。予定として6月4日までに、内閣府と財務省に、那覇市の報告書の完成を報告し、各地主会を回る計画でした。国の調整が未だ出来ていないので、6月11日以降になる可能性があるので、各市町村の日程を調整させていただきたい。団体方式による、話すチャンスはあると思っている。旧軍事業にはスキームが無いので、一定の様式を埋められれば、国に説明に行きやすい。事業案をどこまで書けるのか。8月にずれ込むと20年度は無理で、21年度予算となる。事業名、事業内容、予算規模が出てくれば、国に対して説明が出来る。⑦国の窓口が2か所で、財務省と内閣府は、窓口が自分のところだと言いたくないと、思っているようです。

嘉手納町：地主会に様式を持っていくと、我々は手を下げたわけではないと言われる。最初から釘を刺されるので、直ぐの提出は難しい。地主会と相談して提出する。

県：　提出は一つの事業でなくても良いが、いずれにしろ、最後には一つに絞られる。

宮古島市： 県は7月にやりたいのか。

県： そうしたい。議論のスタートが速くなる。

石垣市： 島懇のように事業を確定しておけば、新石垣空港の絡みも有り、実施年度はずれ込んでもいいということですね。

県： 島懇はモデルになる。旧軍飛行場所在市町村活性化事業のようなスキームを作ってもらいたい。それに載せれば良い。

宮古島市： 宮古は両地主会とも、公民館を希望している。提出様式は具体的に書くのか。

県： 難しい箇所もあるが、事業名、事業概要くらいは書けるでしょう。埋められるところは埋めていただきたい。

宮古島市： 市町村の基本計画に、入っていたほうがいいという事ですか。

県： 地域としては、こういう計画を持っていて、その中のこれですよと言うと国に説明しやすい。那覇市の調査を契機に、一歩でも二歩でも前進させたい。今日はどうも有難うございました。

第1章　沖縄県主管課折衝および旧軍問題検討会議の発足

講評：

① ここから那覇地主会の、「おひとりさま」の、御乱行が始まる。地主会は過去の軍用地料の実績を算定して、賃料相当額を見積もり、それに合う事業を企画している。だがその意図は十分に市の担当者に伝わらず、荒唐無稽の事業計画と映じた。偏にコミュニケーションの不十分さの結果である。情報のアンバランス「情報の非対称性」がここに見事に反映されており、遂には「おひとりさま」は「鬼子」に変質し、幹事会の揶揄の対象になった。果たしてそれが、正常な意思疎通であったのであろうか。県は議事録を徹底的に「マル秘扱い」として、会議の進捗を地主会に封印した。そこから相互不信が急速に肥大化し、那覇地主会の言動が、幹事会から事業進捗に重大な阻害要因になったと、批判されたのである。

② 地主会には事業者が多い。那覇市が心配するほど、人材は払底していない。それをあたかも行政の人間が、優れていると無意識に前提するのは、傲慢であろう。地主会ごときに、何ができるのかとの疑問を発している。那覇市はその問題について、何も地主会には正していない。このように地主会と行政のコミュニケーションは、常に歪曲されていた。

③ 沖振計は10年を期間とする特措法である。既に5年が調査等の理由で、無為に経過した。那覇地主会の突き上げは厳しく、これに応えた形の発言にもなっている。

④ この段階では、議事録にもあるように、全てが曖昧模糊としていた。また各市町村の発言にもあるように、県の要求

するレベルでの、理解が出来ていない。繰り返す発言を読むと、旧軍飛行場用地問題と、沖振計と、それに戦後処理の概念が理解されずに、会議が混乱して見える。
⑤ 結果論であるが、嘉手納は個人補償の要求のために、遂に団体方式の利益も権利も喪失した。嘉手納の態度を見ると最後まで、他人事のような発言に終始している。
⑥ 伊江島は幾つかの提案の中で、結局フェリー建造を選択した。しかし人材育成の観点から、学生寮の建設を考えていたのは興味がある。
⑦ 窓口確定に想定外の時間がかかっている。次回議事録から、その理由や口実が明らかになっていくが、官僚もまた厄介な問題を、背負いたくないとの利己主義や、縄張りの利益が明らかになっていくのは、些か気になるところである。

第10回　幹事会議事録の要約と講評「議事録枚数—14ページ」

日時： 平成19年9月14日（金）　15：15－16：45
場所： 県庁8階第4会議室
出席： 県、那覇市、宮古島市、石垣島市、嘉手納町、読谷村、伊江村（欠席）

県：　第10回目の幹事会である。平成14年に沖振計が策定され、旧軍問題が、戦後処理事業として策定され、5年が経過した。①その間、県ではプロジェクト　チームを設けて、調査・検討などを行ってきた。旧軍事業とその計画を、団体方式を基本として、どのように推進するか、市町村に諮ってきた。残り5年で、目出しをすると

なると、残された時間は少ない。来年度の概算要求は、締め切られているので、21年度の事業で要望していきたい。
新しく制度を設け、種々の仕組みを作り、その手法も各地域で異なり、その吟味となると、もう時間はそう多くない。進捗状況の意見交換をし、内容を持ち帰って、市町村と地主会で議論してもらいたい。
議題1　「事業案策定の進捗状況について」だが、提出していただいた事業案について、市町村の現在の状況、地主会との調整の状況について、報告をお願いしたい。先ず資料1を説明してからとする。
那覇市は那覇地主会の新たな事業案4案を提示してある。これは一覧表には載せていない。次に嘉手納町であるが、個人補償の主張のため空白である。読谷村は村と地主会で調整中である。伊江島はフェリー建造案の提出。宮古島市は5の案を提出した。石垣も個人補償のため空白である。依頼した様式は詳細に渡るが、これは国の質疑に応えるために、最低限必要な項目である。読谷は先週訪問の際に、地主会と検討の上に提出すると報告があり、そっくり入れ替えるかも知れない。

那覇市：　一覧表記載の事業案は、旧軍事業事例調査報告書で、まとめた事業案である。地主会との話し合いでは、県と国に、この事業案の提出で良いとの、了解を得てある。庁内でワーキングチームを作る。都市計画や財務の担当者を集め、専門家の立場から、方向性を見いだす議論をする。那覇地主会が、財務省と内閣府に要請した、4の事業案が今朝の新聞に掲載されている。②沖縄ガンセンター構想、新型路面電車、温泉施設計画、区画整理事業である。提案の特徴は、県全体の振興に、結びつくものと考えており、直接地主に

還元されなくても、良いとしている。国にも島懇事業や、北部振興事業に代わる、新たな事業として、旧軍事業を位置づけられないかとのことである。一方、鏡水地主会は、那覇市の公共施設を、リースバック方式でつくる事業を、展開したいと考えている。

嘉手納町：　今の段階では、地主会長は賛成できないと言っている。事業計画を出すと、団体方式を認めることになる。③事業を計画するにも土地が無い。町は大変に狭く、返還してもらわないと、事業が出来ない。関係者は近隣の市町村に分散してしまっている。地主に取り、どんなメリットがあるのか、地主を説得できる案があるなら、提示して欲しいとのことである。実際に補助を受けるためには、要綱やメニューがあれば、計画も自分たちもやり易いと話している。話し合ったのは会長独りで、県の説明時の地主会メンバーではない。国との折衝の無い中で、どうすれば良いのか分からない。段階を踏むべきだとのことであった。

読谷村：　地主会にいろいろな意見がある。那覇市が出したように、公共的な施設にすべきとの意見もあったが、読谷村は慰藉と言うものを整理して、それに関連する事業をやるべきじゃないかとの話し合いである。県の様式では、なかなか出しにくいので、地主会に自由に案を作ってもらって、県に提出した。現在の読谷村の事業との、整合性は抜きにして、④積み上げた9項目の事業で、100億円程度になるが、村の考え方として、出せるのか疑問に思っている。整理したものを一度地主会に帰し、その後庁議で議論する。県指示の9月か、10月までに纏めて提出する。

第1章　沖縄県主管課折衝および旧軍問題検討会議の発足

宮古島市：　兵舎跡地主会は、個人補償を求めていたが、区画整理事業を提案したら、団体方式で、早めにやってほしいとなった。周辺の農業集落は、都市計画や、農業振興地域からも外され、白地地区になっている。これまで何の補助もなく、生活環境が悪く、虐げられた状態になっている。公民館や道路、公園、旧軍事業会館建設などの、地主の要望もある。事業案には書いてないが、宮古病院の移転の話がある。⑤読谷村がやってきた、等価交換方式を、宮古島市もやっていきたいと考えている。

石垣市：　地主会への、県の説明にも関わらず、頑固に個人補償を求めている。⑥振興計画から外れてでも、別枠でとの話もあった。事業計画の話は全く出てこない。

県：　宮古病院の敷地は国有地である。自衛隊基地内の市有地と、交換の話が出ているが、国と調整中の話を聞いた。その後の状況は。

宮古島市：　財務出張所には二回行った。等価交換で評価額を調整している。所長が読谷の等価交換の担当者であった。⑦提出した事業案の、財源を補償としているが、全て国の補償でお願いしたい。戦後処理として、この問題を整理する場合、不発弾探査と同じように、位置づけてもらいたい。

県：　補償の書き方は、100％国庫と書き改めること。

宮古島市：　不発弾処理と同じ位置付けの意味である。

県：　⑧<u>当然、県の要求もそういうところからスタートしなければならないと思う。</u>

那覇市：　等価交換によって、何か恩恵があるのか。読谷は旧地主に、払い下げるようだが、もしないのであれば、旧軍事業とは違うと思うが。

宮古島市：　旧軍事業とは違うと思うが、国有地が現在、都市計画と農業振興の、阻害要因になっている。自由に使えるようにすると、旧地主も含めた受益者に、いろいろ還元でき、地域活性化につながるとの位置付けである。事業案で出している、国有地の公園用地への使用は、無償を考えている。無償で払い下げて貰って、旧軍事業でも5000万円くらいやってほしいとの考えである。

石垣市：　事業規模はどう算出すればいいのか。読谷からは、市町村計画と整合性が無い状態で、100億円と言う話があったが、国が認める可能性はあるのか。

県：　制度も予算も決まっていない。要望する事業があれば、それを出してもらい、その事業をやる事業費を、算出してもらいたいという事である。読谷の100億円については、国は当然事業の中身に入っていくので、それが認められるかは不明だ。
県からの確認事項が地域にどれだけ役立つか、必要性があるか、旧

第1章　沖縄県主管課折衝および旧軍問題検討会議の発足

軍飛行場用地問題に関連させながら、事業を仕組んで行くことである。突拍子もない事業の話は長続きしない。

読谷村：　⑨慰藉とは何か具体的に示されておらず、地主会に「何がしたいか」と問うしかできない。制限や枠組み無しで、100億円の事業となっているが、村としては判断に困る。
全額国庫補助であれば、全ての事業を、提出するという事になるかも知れない。県・市町村連絡調整会議で、議論が出来るのか、国に上げた場合に説明できるのか。

那覇市：　まずは、国に窓口を作ってもらうことで、取り組んでいる。

県：　我々も考えながら取り組んでいる。先ず事業について、県からの確認事項について、詰めながら精査を願いたい。まとめなければ国に説明ができない。

読谷村：　地主会の意見を聞き、類似事業の積算等を根拠に、事業案を整理することは可能であるが、市町村計画との関連については難しい。一応それを抜きにしてという事であれば、村としては事業案を提示できる。慰藉とはこういうものであり、そこに結びつく事業はこういうものであると、示されれば検討しやすい。慰藉にどのようにつながるかと、問われると難しい。

県：　⑩慰藉と言う言葉を説明するならば、例えば、旧軍地主の方々が、受けた思いを労ってあげるという事かと思われるが、抽象的で

客観的には測れるものではない。

那覇市： ⑪そうではない考え方もあると思われる。鏡水地主会は会員に面積に応じた還元をしたいと発言している。

県： 慰藉については、県民の側から見て、このように慰藉につながると、納得できるものが必要であると考えられる。その意味の客観性は必要ではないか。国庫要求には、理屈や内容が必要であり、要求の時期、方法の検討も必要である。事業案を作成するが、現時点では、設計書が必要ということではない。

読谷村： 地主会の希望が実現すると、慰藉になるのか。対外的に見ても、慰藉につながると認められるならば、事業案の中で、慰藉にどのようにつながるのか、内容は含まなくても良いのではないか。

県： ⑫たとえば地域振興のために公民館を建設し、それが地主会の慰藉につながると言う、結論的な話が理由になることも考えられる。

那覇市： ワーキングチームで島懇事業を参考に、事業案の作成に取り組む。地主会の参加は必要であれば考える。

県： 概算要求レベルの資料を準備しておけば、国と交渉できるのではないかと考える。
国から事業内容を聞かれた場合に、回答出来る準備があれば、話は

第1章　沖縄県主管課折衝および旧軍問題検討会議の発足

進んでいく。

宮古島市：　那覇市の事業案を市でも考えてみたい。県立宮古病院の移転・建設を旧軍事業として、要望する可能性はあるだろうか。旧軍用地を県が無償で借り受け、建設費も国庫補助とする考えはどうであろうか。

県：　それは疑問である。移転もまだ具体的には不確定である。

宮古島市：　宮古病院は国から、土地を有償で借りている。旧軍用地に移転するとした場合に、県は無償で借り受け、移転後の国有地(旧海軍兵舎跡地)を、宮古島市が等価交換で取得し、旧地主への慰藉事業を含めて考えられないか。

県：　地主会と市との事業として、十分に検討が必要だ。
議題の2「今後の進め方について」にうつる。11月の国会説明後、国への正式要請を想定している。事業案は10月までに取りまとめてもらいたい。団体方式で解決を図りたいと、県の政策会議で確認しており、県全体として、県・市町村連絡調整会議でもその確認を行いたい。必要に応じて、幹事会も開催したいので、協力をお願いする。

那覇市：国への要請などは、連絡調整会議として、市町村も一緒に要請するのか。

県: 11月の説明は、県と市町村ということだ。地主会代表を含むかどうかは、未だ相談が必要と思われる。

那覇市: 新聞記事で、国は前向きに考えるとの報道だが、事業案として整っていれば、考えますという事ではないのか。

県: ⑬新聞記事でも、国は窓口を明確にしていない。

那覇市: 制度によっては、地主会にも聞く必要がある。事業内容も、調整が必要であり、想定外に内容が変わってくる可能性もある。那覇市の事業案は、そのままでは出せない。新制度を作る前提で、30〜50億円の事業案となっているが、新しい制度ができれば、変わるかも知れない。島懇事業のような制度があれば、事業案検討も更に進むと思われる。

県: 事業案を精査してもらいたい。連絡調整会議の前に幹事会の招集があるかもしれない。御協力をお願いします。本日はお忙しいところ、ありがとうございます。

講評:
① 振興計画に記載後に、県は知事公室・基地対策課に、旧軍飛行場用地問題プロジェクトチームの看板を掲げた。副参事を筆頭に、二人のスタッフの都合3名で、実質的な業務をスタートさせた。
② 前回議事録で指摘したように、那覇地主会の事業計画は、

天井知らずに拡大を続け、顰蹙を買うようになるが、その一旦は行政の責任でもある。今回会議でいみじくも慰藉の概念が混乱したように、県でさえ見解が曖昧である。慰藉の概念は県発注の報告書に既にその単語が出ている。慰藉の明確な定義が置き去りにされたまま、事態は想定外の方向で、解決を見ることになるが、後の議事録でそれは明らかになる。

③ 嘉手納地主会の主張には筋が通っている。嘉手納も那覇も、100％土地は戻る可能性が無い。地主会の土地があった場所は、沖縄で最も重要な空港だからである。そこに嘉手納の個人補償の、主張の根拠がある。しかし彼らに徹底して、欠如したものがあった。それは運動の出だしで敗北し「最高裁での敗訴」、戦後処理の概念の導入にもかかわらず、透徹した戦後処理の理論を、樹立できなかったことである。それは読谷を除く全旧軍地主会に通底する弱点である。

④ 土地の等価交換の外に、旧軍事業を読谷にも、保証する必要があったのであろうか。旧軍事業は土地の返還不能の代替的「補償」でなければならなかった。そこを我々は理解し得なかった。素人集団の悲哀である。旧軍用地があった。そこの地主会を平等に取り扱う。一見素晴らしい県の処置である。しかし忘れてはならない事実がある。収用方法も、手続きも、その後の処理も、各地での取り扱いが違った。それを戦後処理の用語の深い思考なしに、一つのルールすなわち、振興計画はかくあるものとの、杓子で解決に向かったのは、運動に身を挺したものとして、慙愧に絶えない。

⑤　等価交換方式は、読谷の実例がある。だから宮古島でも可能だろうとの、安易な考えに失望する。読谷地主会は、戦後間もなくそして、1960年前後には、具体的な返還運動を始めている。その集大成が、等価交換に結びついていくのである。戦後処理とは、まさに沖縄における、27年の外国統治との闘争無くして、鮮明に理解できるものではない。だから潜在主権を主張してきた日本国政府が、異国の統治も含めて、真摯に戦後処理を、考えなくてはならないのである。沖縄差別を無意識に他府県の戦後処理に仮託して、矮小化するシンクタンクの手法に、県の見解が収斂されていくのを見るのは辛い。

⑥　振興計画は外れてでも、個人補償を貫徹すると威勢はいいが、筆者が強調しているように、そこには理論的な武装が必要である。陳情程度で問題が解決出来たら、戦後処理の大きな課題との位置付けを、国はしなかったであろう。浅学非力の誇りを受けても仕方がないだろう。

⑦　宮古の担当者は、大真面目に発言しているのだろうが、不勉強に過ぎる。不発弾処理は、今後、半世紀にわたる事業だと、国は位置づけている。ここに国の沖縄に対する、唯一の贖罪の概念を、見て取ることが出来る。その不発弾処理と同格に位置付けた、旧軍飛行場問題は、立法府の付帯決議、それを真摯に受けた国、そして振興計画記載と、戦後の大きな課題が、鮮明にされた事件であった。その事件との意識が、県の担当者や、市町村に伝わらないのは、遺憾の極みである。

⑧ 県の発言は至当であると言いたいが、空々しい。協議会の陳情を、あれ程頑なに否定し続けた県の態度とは思えない。議事録はマル秘で押し通した県の姿が醜い。

⑨ 核心をついた発言である。今会議の、最も肝要な事項は、慰藉に対する概念の確立と、その旧軍事業への応用であった。合意形成もないまま、ひた走った結果、慰藉の言葉は見事に問題解決の、大輪の花に昇華する。悔やみきれない運動の敗退である。会議の中で県も市町村も、絶えず地主会と交渉をもっているように、報告しているが、その実感はいまだに希薄である。むしろ、聾桟敷におかれていたとの、思いが強いのである。それが協議会の大きな不信感でもあった。

⑩ 県の発言は聞きずてならない。抽象的で、客観的には測れないとは、何を意味するのか。協議会がたえず悩まされてきた、「慰藉の用語」に、納得のいく説明が必要であった。協議会が違和感を覚えていたのは、この精神的補償が戦後処理であるとの、県の無意識の前提の妥当性であり、説得力のある客観性であった。その疑問は不問に付されたまま、ことは進捗して行ったのである。県は終局的には慰藉事業として、旧軍事業を実施することに腐心した。

⑪ 鏡水のこの見解も、事実上は、個人補償の陰を引きずっている。

⑫ 示唆的な発言である。結局、問題の解決には公民館建設が、9の地主会の半数を上回った。このころから慰藉事業、即、公民館建設が県の想定にあったのであろうか。

⑬　協議会の疑問は、振興計画の策定から、5年が経過しても、国の窓口の定まらない、県の動きであり、当然に不満は募っていた。

第11回　幹事会議事録の要約と講評「議事録枚数―8ページ」
日時：平成19年11月1日（木）　15：00－16：00
場所：県庁3階第5会議室
出席：県、那覇市、宮古島市、石垣市、嘉手納町、読谷村、伊江村

県：　来週予定している、連絡調整会議に向けて、内容の確認をしたい。
議題1について。皆さんに各首長との確認をお願いした。特に個人補償を主張している、嘉手納、石垣について、了解の返事があったので、今回の連絡調整会議で、諮れることになっている。県は事前に国に説明に行った。県全体の方針については、若干弱い部分があり、連絡調整会議で、全体方針として確認することと、国、国会議員、県議会に説明し、制度及び窓口の決定について、お願したいと考えている。作業の流れは、条件の整ったところからとしているが、制度決定が前提にある。
議題2の「今後の進め方」について。国説明は6月に実施した。国会議員、県議会への説明は今回が初めてである。今月中に済ませたい。この段取りの後で、正式要請になるが、どういう状況になったら、それが可能かはなかなか見えてこない。何れにしろ、振計期間中に実施できるように進めたい。

伊江村： 国説明の感触はどうだったか。

県： 結構厳しい。①地主会が国会議員をつれて行くと、また違う感触のようである。地主会からは、県が行かないからと叩かれるが、われわれが行くと「根拠がない」の一言である。米軍占領下でいろいろあったと発言すると、むしろそれが良かったと言われる。
②西原や、石嶺の一部の地主への、土地の返還があり、本土よりむしろ良いと言われる。

読谷村： 国への説明は何処にやっているのか。

県： 財務省理財局と、内閣府の特定事業参事官である。③財務省は振計に載っているので、内閣府の所管だと言い、内閣府は国有地の問題だから、財務省の所管だと言う。
内閣府は話は聞いてくれるが、最後に根拠がないと言い、財務省は、読谷のように等価交換であれば協力するといつもの返事である。
ただ、所管庁は内閣府のような気がする。

県： 今回は正式に説明に行くかとの、那覇市の質問であるが、連絡調整会議の名の下に、県の統括官と、副参事と担当の３名でいく。正式要請となると、市町村の同行をお願いすることになるかも知れない。

読谷村： 慰藉事業の取り扱いについては、どう考えればいいのか。

県：　④慰藉的なものを、事業に含ませるのは、最初からの定義である。事業の要件の中に残ると思う。制度がない中での、事業案検討であるが、内閣府の参事官の言葉の端々に、既存制度で対応可能な事業も、あるのではないかとのことである。⑤県としては旧軍事業として新しい制度、現在の沖縄予算制度とは別枠で、予算を要求していくところからスタートする必要があると考えている。制度の事例には官房長官談話から、島懇事業や北部振興事業がスタートした。内閣府からは政治決着の話も出てくる。

那覇市：　⑥地主会は特別目的会社や、公益法人などを提案しているが、実現の保証は一切なく、事業費も大きく、10年、20年スパンの事業案ばかりである。今までの地主会のフラストレーションを解消することから始めないといけない。

県：　次の議題にうつる。那覇が4事業の追加、読谷が追加を含め8事業案を出している。
宮古島市は財源を国が100%と修正した。連絡調整会議の資料として「旧軍飛行場用地問題　要望事業案概要一覧表」を作成した。マスコミにも公開される会議なので、表現が適切であるかも含めて、確認してもらいたい。

那覇市：　那覇市の事業案は既にマスコミにも出ている。精査して県に上げたものではなく、地主会の意見を最優先させる形になっている。地主会とのヒアリングで、事例として、市民会館や、保健センターを追加している。

県： 宮古島市の事業案は、用地等を含めた形も見えており、精度が高いと思う。

宮古島市： この事業案は、市の方針として決定している。今回の事業案には含まれていないが、再度、基金事業の話が上がってきている。宮古島の国有地(旧軍飛行場用地)は、約150ヘクタール(4万5千坪)であるが那覇市は、どのくらいになるのか。

那覇市： ⑦接収された土地は、約22万坪と言われてる。

宮古島市： ⑧市有地と国有地との等価交換の案を作成中である。県立宮古病院を移転してもらい、移転後の国有地も、市有地と等価交換し、市の区画整理事業の中で、兵舎跡の旧地主に配慮して行きたいと考えている。県立宮古病院の移転を、市が土地を提供して、国100％の事業として、要望できないかを考えている。現在、国へ年間5000万円の借地料があると聞いている。

県： 要望としてあげるかあげないは、県が決められないが、病院建設は厳しい内容との感触はある。那覇市の要望案も、現実的な事業案に、絞られていくと思う。基金についてはもっと検討してもらいたい。

嘉手納町： 那覇市に質問したい。事業内容について、地主会とは十分に話し合いをしていないとのことだが。

那覇市： 話し合っていないのではなく、事業案が採択されると、調査等、かなりの作業が必要になるが、それが可能か、地主会が考えてはいない感じがする。県の具体的な確認事項の求めに対しても、それは調査費でやるべきだと主張している。

石垣市： 那覇市の事業案は、優先順位が無く、その中の一つということか。

那覇市： ⑨国が了解できるものが、採択されればいいとの考えのようだ。　那覇市にはもう一方の地主会「鏡水地主会」が有り、公益法人を設立して、公的施設の建設をして、その賃料から、何らかの慰藉事業が出来ないかと話している。⑩那覇地主会は旧軍事業で、大きな事業が出来たと誇りたい部分がある。市も困っているが、国のガイドラインが出れば、その範囲で、現実的な対応を地主会と調整できるものと思う。

石垣市： 白保も平得もまだ個人補償を言っている。他の地主会の事業案を、地主会に紹介してもよいか。

県： 幹事会ではお互いに注意しながら、事業案一覧表を議論しているが、ペーパーのみが動きだすと誤解を生じる。

那覇市： ⑪地主会（那覇地主会のこと）は、なぜわれわれの要求を、国に上げる前に、県や市町村が潰すのかと言われて困っている。

第1章　沖縄県主管課折衝および旧軍問題検討会議の発足

県：　いろいろ意見がでたが、何かあれば連絡してもらいたい。連絡調整会議のあとに、国へ説明に行く。個人補償の地主会にも今後、呼びかけを続けて行く。連絡調整会議がスムーズにいくように、必要な調整があれば、月曜日までに連絡をいただきたい。

講評：
① 那覇地主会は数度にわたり、国会議員を伴い陳情に行った。確かに国の役人は慇懃無礼な程、丁寧であった。反省するに地主会は、彼等の掌の中で動かされていたようである。
② その他にも返還された旧軍飛行場用地があった。豊見城市の与根地区等も一例である。しかしその返還基準が曖昧であり、俄かに財務省の話すように、よかったではないかとはならない。いささか軽薄な感じがする。
③ 官僚特有のたらい回し戦術である。那覇地主会が、財務省や内閣府に陳情したのも、主管庁不明があったからだ。大義名分は所詮その文字の通りである。地主会は一地方の、任意団体に過ぎない。それが官僚に陳情するには、国会議員を同伴しなければならないのである。県のような下部団体に強く出るのは、組織の論理である。
④ ここでの県の発言で、初めて、われわれは県の意図の一端が、分かった気がする。しかし繰り返すが、地主会は、幹事会の会議の内容や、進捗を知らされておらず、慰藉に対する不信は最後まで尾を引いた。
⑤ 県のこの発言は「特別調整金」と言う形で実現する。しか

しこの調整金は、一括交付金と呼ばれ全県の市町村の事業に適用される意図があり、旧軍固有の拠出金ではなかった。市町村はその基準の規制が厳しく、対象となった市町村の事業は少なく、すこぶる不評であった。

⑥ 前回の講評でも指摘しておいたが、那覇地主会の「おひとりさま」の所業は、エスカレートして留まるところを知らなかった。那覇市の術中にはまり、ガス抜きの戦術に翻弄された。何故、那覇地主会が、ここまで、ある意味での荒唐無稽な事業計画を、連綿として提出したか。そこには「事業可能性調査」の影響がある。とにかくやりたい事業を描けとの要請が、この調査の主旨であった。そしてその事業の主管は那覇市であった。その相関関係の中で両者ともある意味で、綱引きの勝敗を決することが出来なかったのである。

⑦ 読谷が返還されると、残った最大の旧軍飛行場用地は、那覇市である。あの強硬な個人補償要求の、嘉手納の用地でさえ、12万坪である。両地主会の旧軍用地は現時点で、返還不可能である。那覇地主会が、最大の権利を主張し、おひとりさまに孤立して行く過程は、流れとしては自然であった。

⑧ くり返しになるが、読谷の等価交換には、長い権利闘争の経緯がある。旧軍問題にかこつけて、表面的事象の相似性を同質と捉えて、読谷方式なるものを適用するのには無理があると思われる。

⑨ 前記⑥で述べたように、那覇地主会は、多くの事業を列記した。どれも大きい。何故大きいのか。それは接収された

面積の広大さと、賃料算定した、旧地主が受領するはずであった、相当する金額に比例する事業が、念頭にあった。全部の事業をする考えは毛頭なく、どれかが採用されて欲しいとの願望であった。

⑩ 従って那覇市のコメントは当らない。むしろ下衆の勘ぐりのような発言自体が悲しい。野放し状態の那覇地主会の、活動をコントロールする知恵が、県と那覇市にあるべきであった。県も那覇市も忘失している事実がある。振計掲載の運動の主導は那覇地主会であり、団体方式の受容も承認をした。最も味方につけて、更なる主導をさせるのが、県と那覇市の責務ではなかったのか。最大の過誤は、振計に載った戦後処理の旧軍用地問題に、慌てて反対して動きだした連合会と、対極にある協議会を、並列に置き、那覇地主会も意図的に、他の地主会と同じ扱いにしたことが、問題を長引かせた要因ではなかったのか。平等に扱うとする、県の一見正論が、個人補償と団体方式に二極化した事実に、県は重大なる責務を感じるべきであった。

⑪ この発言にある通り、那覇地主会は「知らしむべからず、拠らしむべし」の県の術中にはまった。この過激な発言も、県や那覇市が、懇切丁寧に那覇地主会の役回りを、指示乃至は要請していたら、模範的な動きが出来た筈である。しかし那覇地主会は問題解決の最後まで「おひとりさま」であったことは痛恨である。

第3回　連絡調整会議
日時：平成19年11月6日　14：00－15：00
場所：第一特別会議室　県庁6階
出席：副知事、基地防災統括官、基地対策室
　　　関係市町村長「代理含む」

第3回会議において出された方針が個人補償の完全放棄と団体方式を解決策とする指針である。それは諸条件を整備した市町村から先行的に事業の実施に向けて取り組むとするものである。但し個人補償を主張する地主会には団体方式の合意を呼びかけるとなっている。ここから連綿とした過誤の負の連鎖は続くことになる。行政としては個別に問題が解決することは進展である。その積み重ねで全体の解決を図る。一見合理的で説得力もある。だがわれわれが団体方式を採用する見解に賛同したのは、対米請求権のように団体としてまとまった解決即ち一括団体として全組織を上げて解決する計画であった。それが脆くも崩壊したのである。

第12回　幹事会議事録の概要と講評「議事録枚数――8枚」
日時：平成20年4月25日（金）　15：00－16：40
場所：県庁3階第5会議室
出席：県、那覇市、宮古島市、石垣市、嘉手納町、読谷村、伊江村

県：　各市町村の状況報告を願いする。

那覇市：　平成18年度に、調査事業を行ったが、9事業案から精査

第1章　沖縄県主管課折衝および旧軍問題検討会議の発足

して出していくのか、全て出していくのか、この2か月間で進めなければならない。那覇市は人口に比して面積が小さく、施設整備がままならない。公民館や市民会館等の、施設整備を要求することは頭にある。一方の地主会からは、がんセンターや、ＬＲＴ等の事業案の要望があるが、全県的・南部広域的内容であり、面倒を見るのが難しい。市長も交通体系に興味はあるが、予算規模等が大きく、他市町村とのバランスも考えながら検討したい。

読谷村：　平成18年度に、228ヘクタールの用地を取得し、跡地利用に向けて、道路整備等を行ってきた。跡地利用については、基盤整備が終わった後に、農業生産法人が農地を賃借し、（その後）取得する仕組みで、戦後処理問題の解決という事で取り組んでいる。旧軍事業についても、土地利用について、100％の国庫補助による、農林関係事業を要望している。五つの農業生産法人が設立されているが、財政基盤が弱く、平成21年度国庫要求に踏み切れない。村長とも話し合ったが、もう少し検討が必要となった。

嘉手納町：　地主会から4項目について質問がある。1点目は、過去の訴訟について、町の援助があったが、今後も対応してもらえるか。2点目は、補助金を出してもらえるか。3点目は、読谷村のような取り組みを、町が出来ないか。4点目は、仮に地主会が団体方式に変更した場合に、町はどういう対応をしてくれるのか。地主会はまだ個人補償を主張しており、町議会も陳情に対応できないと言っている。

伊江村：　地主会は村内に8の支部がある。総意としてフェリー事業一本に絞っている。補助率が10分の5とする、国の説明を聞くと、建造は非常に難しい。仕切り直しを考えなければならないのか。

宮古島市：　地主会は事業案の優先順位を気にしており、国の補助率は10分の10で、公民館建設事業を強く希望している。100分の2の負担については、強制接収の上に、更に地主会に負担があるのは、二重負担となり無理がある。事業主体として市が、負担してもらいたい要望がある。

石垣市：　①昨年11月13日、地主会から市長に対し、県・市町村長連絡調整会議での市長発言の撤回を求める要請があり、個人補償を求める方針は全く変わらないとしている。ある県議から、地主会は、訴訟をする動きがあると報告があった。これは昨年、某有力国会議員から政治的に解決するよりは、司法的に進めた方が良いとの、アドバイスを受けた結果のようである。

県：　それぞれの事情があるようだが、県としては、調整会議で確認した方針を踏まえ、平成21年度の国庫要求の準備を急ぎ進めている。②先行的な事業としては、宮古島市、読谷村の事業案は、国に説明できると思っている。次に移る。国庫及び特調費「特別調整費」の要求様式を、5月9日までに提出してください。これは内閣府との調整内容であるので、取扱注意にしてもらいたい。内閣府はまだ事業をやるとは言っていない。接触している状況としては、振興事業なら、内閣府が窓口との感触である。内閣府は単年度で一括

決着の意向であるが、無理がある。平成21年度に、先行する市町村から実施し、その他はもう少し事業案を固めてからと考えている。個人補償の地主会は更に時間がかかる。慰藉となると、財務省であると内閣府は考えているが、地主会が要望している事業が実施できれば、慰藉につながるとの感触を得ている。　特別事業費での事業化は、現時点では想定であるが、これまでの状況を踏まえ、現実的な対応であると考えている。

宮古島市：　補助率は10分の8という事であるが、地主会は10分の10を想定して、事業案を作成している。補助率によって、事業規模の変更はあり得るが、ほぼ10分の8と考えるべきか。

県：　議論の中で、内閣府は、特別調整費の補助率は、原則10分の8と言っている。これまでの実績でも変わらない。県が1で、市町村が1で、残りを負担することが考えられるが、現時点で県の負担は約束できない。国庫8で市町村2の実績もある。10分の10は特調費の中では厳しいて思う。

那覇市：　大規模な事業案が出ており、国と県の調整を経て、縮小方向で検討も出来るが、10分の2の負担となると、纏まらない可能性がある。提出期限でのまとめは難しい。

県：　現時点で出されている事業内容で、登録しておくという事である。登録なしでは、平成21年度事業としては進められない。提出期限までに提出してもらいたい。内閣府調整の論点は、持ち帰り

議論していただきたい。③特別調整費と言う一つの方向性があり、大体の事業の枠の議論も進めている。読谷は、先行的に進められる事業と考えるが、状況はどうか。

読谷村：　跡地については今年度から平成24年度までの、5か年の改良事業があり、平成21年度事業と考えた場合に、バッティングしないかという事で、調整が必要になってくるので、検討時間が必要である。

県：　先行している市町村を走らせること。その他はパッケージ論になるが、今後2、3年程度の方針を立てて、全体の事業案を仕上げて行く。内閣府と3の論点が、調整できなければ、前に進めない。

嘉手納町：　論点整理の資料は、地主会に取扱い注意であり、石垣の裁判の動きもあり、嘉手納は行動を共にしているので、資料の地主会への説明は困難である。

県：　昨年11月の調整会議で確認されているので、地主会を動かしていくしかないのでは。市町村同席の上で、県が説明することもできる。

嘉手納町：　嘉手納町は土地が無く、防衛省が買い上げた土地を想定して、事業案を検討するにしても規模が小さく、地主会の要望に応えられない。④石垣市の地主会が裁判を起こせば、嘉手納地主会も同調すると思われる。振興計画の期間内に、事業が実施できなけ

れば、団体方式での解決は出来ないことは、地主会もわかっている。

石垣市：　平成22年度までに事業を計画し、平成23年度までに、事業実施しなければ、タイムリミットということか。

県：　沖縄振興計画期間があるので、そうなると思う。

嘉手納町：　個人補償を求める地主会については、方針変更をするまで、待つとのことであつたが、今回からそうではなくなる。地主会への説明が厳しいと思う。

石垣市：　論点整理の３点では、最終決着、一括決着、そして慰藉であるが、全市町村の納得という形では、短期間であり、地主会も含めて難しい。

嘉手納町：　防衛省との兼合いで、どちらの補助金が優先かという事もあるのでは。

県：　特別調整費で要請しても、各省庁のメニューがあるのではないかと、指摘された例があると聞いている。

伊江村：　フェリー事業も、既存事業ではないかとの指摘がある。伊平屋や伊是名との違いは、旧軍飛行場用地問題があるという事ではないか。

県： 内閣府は慰藉事業ではなく、地域振興事業だと言う理屈である。

伊江村： 特別調整費事業は、全体で50億円だと思うが、その枠内の配分となるのか。補助率は10分の5との話もある。

県： <u>⑤事業規模については、ある程度枠を決めて、考えて行かなければならない状況であると思う。特別調整費という枠が、事業規模を考える上での物差しになって来るのではないか。　特別調整費事業は各事業ごとに補助金交付要綱があり、各補助率が記載されている。</u>

那覇市： 旧軍事業だけで、全ての枠を、使えることにはならないと思う。現実的には厳しいと思う。

県： これから調整が必要であり、50億円のうち、10億円を3年間という考え方も案としてある。事業規模は最終的には、財務省主計局が、内容を審査することになっている。

那覇市： 事業規模が分からないので、地主の側も、要求を膨らませている結果になっている。それをどのように収めて行くか、かなり厳しい。

県： 制度や枠が無い中で、別予算の考えで来たが、内閣府との調整の過程で、やっと見えてきた感じがする。各市町村とも考え方を、

第1章　沖縄県主管課折衝および旧軍問題検討会議の発足

5月16日を目途に、報告をお願いしたい。

慰藉の考え方については、知事公室長も作文の問題と考えており、事業にどう盛り込むか、説明の中でクリアして行くことになる。慰藉は事業の基本として共通認識にあるが、内閣府の立場は表に出してもらいたくない考えである。そこは調整で解決できる部分であると思っている。

講評

① 地主会への情報開示は、県指示の御法度の筈である。那覇地主会は、遂に議事録にある内容については、一切教えてもらっていない。繰り返すが、情報のダダ漏れの感じがするのである。

② 宮古島市は公民館建設、読谷は地域活性化事業として、具体化が進んだ。なお最終的な解決については、議事録講評の総括において詳述する。

③ 特別調整費とは、議事録にある通り、総額が50億円であった。対象範囲が広く、旧軍事業をその範疇に治めることが難しく、後に別途「特定地域特別振興事業関係補助金」を交付することになり、団体方式で妥結する地主会に、毎年、新たな「交付要綱」を発布して、旧軍飛行場用地関係地主会への交付金を考慮することになる。

④ 事実、両地主会は何度か裁判を起こすが、いずれも敗訴して、活動が休眠状態にあるが、今後とも個人補償を、継続主張して行くのかこの時点では不明である。

⑤ 上記の③で述べたとおり、旧軍事業については、毎年「交

付要綱」が発令されて、事業費が計上されていくが、この段階で特調費の話をしているのが解せない。議事録を追うごとに、変化の様相が、明らかになると思われる。

第13回　　幹事会議事録の要約と講評［議事録枚数―6ページ］

日時：平成20年7月18日（金）　15：30 – 17：00
場所：県庁3階第4会議室
出席：県、那覇市、宮古島市、石垣市、嘉手納町、読谷村、伊江村

県：　解決指針については、内閣府の指摘事項として、市町村に説明をしたが、地主会も理解していると思う。一括での決着については、前回、単年度で10億円で3年間と説明したが、当初から10億円が、枠としてあるのではなく、3年間で必要な事業を上げて、事業費を要求していくとのことである。慰藉については、地域振興事業の結果として、ついてくるものと整理する。

那覇市：　解決指針の内容は、地主会との話し合いで、前回と比べて前進している。だが別枠予算を求めている地主会がある。

県：　那覇地主会が中心となっている協議会は、県議会へ別枠予算を求める意見書の採択を要請しているが、継続審議となった。意見書が採択されていたら、これまでの取り組みが、ストップする恐れがあった。別枠予算を求める地主会もあるが、この解決指針で進めて行きたい。他に意見は有りますか。なければ次に進みます。　特別調整費であるが、8月4日予定の国庫要請の中に、文言を入れて

ある。問題は補助率であるが、国には10分の10で要請してきたが、有りえないと言われ、10分の2は国以外の地元負担ということになる。他に意見はあるか。

那覇市： 接収された土地に係る事業に、何故、地元負担が生じるのかとの意見がある。①市全体で活用できるコミュニティセンターの位置付けであるが、市議会側は経緯を知っており、市が負担すべきではないとする意見が出ると思われる。国の補助率が10分の8だとしても、何らかの措置を強く要望したい。市内部の詰めはこれからである。

宮古島市： 同じ意見である。

県： 地元負担は考えられないとする市町村はあるか。

読谷村： 地元負担はあり得るとして、地主会と事業案の精査・絞り込みを行っている。平成22年度から、事業実施ができればと、地主会と調整中である。

伊江村： 村は防衛関連の高率補助事業を実施してきており、10分の8は厳しい。フェリー建造事業であれば、それで十分であるが、他の事業となると厳しい。

県： 特別調整費の事業は10分の8が基本である。市町村負担を、10分の1にする努力は、必要であると考える。

県：　国の内示が出た後で、梯子を外すようなことは、絶対に避けてもらいたい。地元負担の問題は、あるタイミングで決まってくると思う。次に進む。議題2は県議会の質疑応答の報告である。別枠予算が難しいとする国の根拠は、嘉手納裁判で法的に決着しているという事である。②県としては、法的には決着がつけられたが、当時の土地収用に係るいろいろな問題や、その後の米軍施政下で、不利益を被った諸々の事実が存在しており、何らかの措置が必要であるということで、国に対し説明を行ってきた。これには国の担当者もノーとは言わなかった。③次の議題は那覇市鏡水の地主会と、宮古島市の地主会の事業が、平成21年度国庫要請に含まれているが、その他の市町村の事業案提出の期限についてである。読谷や伊江島の事業案の調整及び提出については、平成22年度の事業化を目指すのであれば、今年末を目途に調整を進めたい。

読谷村：　現在、土地改良事業を実施している。その間、地主会は、農業生産法人以外の法人を設立し、何か事業ができないかと意見が出ている。④不法占拠者「黙認耕作者」の動きは、跡地利用計画や土地改良事業に影響はないと思われる。

県：　読谷村と伊江村は、今年末までに事業案の調整及び提出をお願いする。個人補償を求める嘉手納と石垣については、地主会への呼びかけだけでなく、期限を示せとの意見もある。期限は来年中だと考えており、相手にも伝える必要がある。

嘉手納町：　5月12日、県と一緒に地主会に説明したが、何の動きもない。補助率や期限の話が出来ない。

石垣市：　地主会は今年中に裁判を起こすと言っているが、全体の意見なのか、一部なのか、はっきりしない。市長から各地主に確認するように言われている。

県：　地主会に説明の後、ある地主は、裁判は考えていないと言った。今回の提案に異議がなければ、来年中が期限であることを伝えていただきたい。来年中に事業案が提出できなければ、実質間に合わなくなる。

嘉手納町：　団体方式と言っても、⑤嘉手納町の場合には、土地もなく、施設としては充実している。

県：　読谷地主会の一人は、県議会の総務委員会における参考人意見聴取で、別枠予算を求める発言をしている。どうなっているのか確認したい。

読谷村：　県の解決方法に対して異論はない。地主会としても、⑥一部地主がスタンドプレーしているとの見方である。県議会で意見を述べた地主は、地主会役員から外れている。

県：　これまでの取り組みで良いか。地元で別枠予算が出ていないことと確認する。

宮古島市： 宮古病院の移転後に、土地払い下げの要請がある。十人で十筆あり、8千坪であるとしている。兵舎跡地主会は、沖振計に基づき、土地を払い下げて欲しいとしている。沖縄総合事務局財務部では難しいといっている。

県： 那覇市は実施期間として、3年が望ましいとしているが、国からは厳しいと言われている。県は2年を考えている。⑦用地費については国から無理があると言われている。
今回、特別調整費での事業実施を予定しているが、予算は非公共事業分で50億円となっている。必要である事業を精査し、必要な予算を積み上げ、要求して行くことであり、最初から国が予算を準備しているのではない。現在出ている事業は、那覇市が約10億円、宮古島市が約6億円程度である。もう少し、絞り込まなければならないと思っている。

講評
① このくだりは、鏡水地主会について言っている。具体的には鏡水地主会は、公民館建設を決定して、那覇市との詰めに入った。
② 県の発言はさりげない風を装っているが、そこには、日本軍と米軍の長い収用の歴史がある。帝国陸海軍とも、戦争が終結したら、土地を返すと明言している。その発言者は、当時の第32軍「沖縄守備軍の具体的な呼称」の責任ある地位にいた将校たちである。そしてその発言要旨は、県が

第1章　沖縄県主管課折衝および旧軍問題検討会議の発足

各市町村に配布した幹事会資料に、歴然として明記してある。また、米軍は焦土と化した沖縄の、飛行場周辺を勝手に収用して、基地の拡張を急いだ。それが飛行場用地問題を更に混乱させ、複雑にした。第四次沖振計において旧軍飛行場用地問題を、戦後処理と明記したが、その次の実質的振計において、地籍の明確化が謳われており、その事業に国は着手しているが、そこには曖昧にされた、米軍に収容された土地が残されている。これも戦後処理の事業である。しかし国はそれを明言していない。

③　最初に、県の問題解決に貢献したのが、両地主会である。鏡水の変わり身の早さには、感心否寒心する。宮古島の地主会も同様である。

④　読谷村と同地主会に取り、黙認耕作者の問題は、頭痛の種以上の深刻な問題であった。その証拠に、読谷村は国と協働して、裁判において黙認耕作者の要求を退けている。黙認耕作者とは、米軍用地として収容されながら、未使用の場所を、法的保護も保証もなく、勝手に農耕する者たちのことであった。

⑤　嘉手納町は伊江村と同様に、防衛省の予算で、公共施設等の建設を、充実させてきた。伊江島が、協議会の運動に参加しなかったのは、防衛省補助事業とは完全に無縁とは言い切れない。

⑥　聞きずてならない倨傲である。後の幹事会にも出てくるが、個人の誹謗中傷は現に慎むべきであろう。議事録に残るとは、まさにこの県と市町村が、戦後処理を行政の事業の延

長でとらえた、短絡的で安易な、業務処理形態として捉えている様が、如実に分かる好例である。沖縄振興特別措置法には、沖縄の後進性の打開を目指すべく、開発と振興をうたい、行政処理の一環に還元した。国の意図に見事に嵌って反省しない姿に暗澹とする。国は戦後賠償についても、近隣諸国への冒涜の贖罪を十分に果たしていない。それは日本弁護士会の著書に明らかである。

⑦ 用地費とは、具体的には、そして皮肉にも、戦後、那覇空港から移転を余儀なくされた、字大嶺部落の御嶽の、買収費用のことである。買収後に整地をして、公民館を建設する計画である。大嶺部落の一部有志は、那覇地主会が要求する戦後処理事業に異を唱え、鏡水と同様の公民館建設を標榜して、旧軍事業の最終期限の年に、那覇地主会を相手取り、裁判を起こして、事実上の敗訴をした。陰には鏡水地主会とそれに呼応する市会議員等がいたことは痛恨である。聖書には後から来るものが、先になるとの格言がある。沖振計記載を偶然の奇貨に還元して、最後までごね続ける那覇地主会にお灸をすえる意味も、あったのかもしれない。その点については、那覇地主会は猛省するべきであろう。何故なら那覇地主会が、リーダーの役目を果たした沖振計への記載に反比例して、最後の最後まで、別予算を要求した態度には、疑問が残る。しかしそれも、実態は地主会と話をしたとする那覇市の担当者の情報隠しが、大きく那覇地主会の目を曇らせたことは、紛れもない事実だからである。

第4回調整会議の解決指針は次の通り。
第4回　連絡調整会議
日時：平成20年8月27日　15：00-16：10
場所：第一特別会議室　県庁6階
出席：副知事、知事公室長　事務局　各市町村長「代理含む」
要旨は次の通り
1.　最終決着であること：事業実施により、最終的な解決とする。
2.　一括決着とすること：沖縄振興計画期間内の事業実施により、一括決着とする。
3.　慰藉の考え方：地域の振興・活性化を図り、沖縄県の振興に資する事業を実施することにより、結果として旧地主の方々の慰藉につながる。

第14回　幹事会議事録の概要と講評「議事録枚数―7ページ」
日時：平成21年1月23日（金）　15：30-17：00
場所：県庁8階　第4会議室
出席：県、那覇市、宮古島市、石垣市、嘉手納町、読谷村、伊江村

県：　基本方針を確認したのが、一昨年の11月の県・市町村連絡会議であるが、それから大きく進展し、国も地域振興事業として、旧軍事業を取り上げることになった。来年度予算の国庫内示において、那覇市鏡水と宮古島市の事業が要望通りに、予算に内示されたところである。平成22年度以降の事業についても、問題解決に向けて前進している。これまでの動きを総括し、来年度の事業展開、事業要望等のすり合わせをしたい。

前回（平成20年7月18日）の幹事会において、3つの考え方の確認をしたが、実際の事業スキームとなると、国庫で対応されるかは未定であった。庁内や内閣府で、特別調整費でいくと確認し、調整をしてきた。①今回の経緯の中で、特徴的なのは各政党の要請が増えたことである。事業が具体的に進んだことで、一部の地主会から政党への働きかけが、強くなったと考えられる。昨年12月15日の、県議会野党6派要請が極め付けであった。

1月8日の鏡水と宮古島両地主会は、事業実施に向けての要請であったが、②同日の協議会要請は別枠予算であり、現在の進め方は、認められないとの内容であった。県議会は少数与党であり、厳しい質問等が予想されるが、各市町村の知恵を借りながら、しっかり予算確保をしていきたい。国庫内示であるが、③宮古島市の3か所の、コミュニティセンターで、那覇市の一か所より、予算が少なくなっているが、その地域にとって必要な事業を検討し、運営費等も総合的に勘案したものであり、最初から予算ありきではない。

宮古島市： 地主会も大変喜んでいる。事業実施に向けて、活発に活動している所である。野党議員の追及を、県はどうとらえているのか。

県： ④今回の事業は政治的な事案ではなく、地域振興事業であり、国庫予算が付いた事業が、否定された事例はない。県財政当局も問題はない。
次に事業調整のポイントについて説明する。接収された土地の面積や、地主数と言う考えではなく、⑤精神的な面での、その地域の特

性にあった振興事業と言うことでまとめられている。それぞれの事情を盛り込んだ形で、取りまとめた感じである。

次にスケジュール概要であるが、この事業は振興計画の期間内に、決着をつける考えで進めている。平成22年度については、読谷村と伊江村が具体的な調整を始めている。平成24年度以降は、全く目途がつかない状態にある。他の市町村においても、平成23年度までに、目途をつけるためには来年度中に、ある程度まとめたいのが、県の考えである。次に意見交換とする。

那覇市： 鏡水のコミュニティセンター整備事業の、国庫内示を受けており、県にも大変お世話になった。地主会も大変喜んでいる。⑥戦後64年も引き続いてきた問題が、一応の解決が出来たとお礼の言葉もあった。まだ地主会が一つ残っており、難問を突き付けられている。県と相談しながら取り組んでいきたい。

読谷村： 事業調整のスケジュールでは、8月から11月が最盛期となっているが、8月までにどこまで詰めるのか、教えてもらいたい。

那覇市： 事業案提出後の調整が多かった。⑦地主会と何度も調整を行い、何を求めているのか確認をした。具体的な内容が何もなかったので、意向の確認に時間がかかった。

コミュニティセンターならどういう機能が必要か、どう活用するのか、内容等を詰めるのに、何度もやり取りがあった。地主会には設計関係者がおり、平面図が出てくるのは早かった。市の予算対応は無かった。

宮古島市：　当初は維持費を考慮せず、大規模な構想であったが、地主会に設計コンサルがおり、協力してもらったが、積算単価等の専門的な細部には苦労した。

那覇市：　平面図や事業費試算が上がってくるのが早かった。⑧真剣に取り組む地主会であれば、当然ではないかと思う。行政側の積算と金額が会わない部分があり、苦労した。

県：　図面、積算については、内閣府から根拠を求められることになるので、すり合せが大変であった。負担の件であるが、県も10分の1を負担することで、県議会の承認がいるが、納得していない地主会があるので、県議会が一つの関所になると思う。皆さんの協力をお願いしたい。宮古島市と那覇市は、おりおり市長に意思表示をしてもらっており、それが内閣府を動かしたと思う。

読谷村：　読谷村の地主会は協議会の一員として活動してきた経緯があり、現時点でもお付き合いをしている一部の方々がいる。どうなっているんだと、村議からの問い合わせがある。読谷の場合には、跡地利用という事で、⑨20年も前から取り組んできた経緯があり、慰藉と言う考えは全く持っていない。先日、⑩村長が内閣府沖縄振興局長と面談する機会があったが、慰藉ではないと言われたようだ。旧地主の方には読谷地主会と離れて、活動している方もいるが、そこは目をつぶっていただきたい。

嘉手納町：　地主会は振計による解決には、乗らないとしている。石垣市の地主会と歩調を合わせ、5分の1未払いの債務不履行について、提訴するとしている。それに伴い、50万円の3年間の補助を申請しているが、個人補償に対しては、補助金は出せない。

伊江村：　平成22年度の事業採択に向けて取り組んでいる。

県：　内閣府も理詰めだけでなく、聞く耳を持っている感じである。地域の事情や、住民の思いを伝えて行くことが大事である。

宮古島市：　県の支援を地主会は喜んでいる。内閣府の担当者も現地を視察した。企画部で対応しているが、平成21年度からの事業も引き続き、同部で担当して欲しいと、地主会は要求している。兵舎跡地主会が未だ残っており、今後をどうするか検討している。県立宮古病院の移転後の、跡地払い下げを要求している。

石垣市：　以前と変わらない。数年前から25万円を補助しているが、50万円への増額要請がある。以前と同じ額程度になると思う。要請は白保のみであるが、平得も同じ行動をとると思われる。

嘉手納町：　昨年12月24日付けの要請文では、嘉手納、石垣両地主会は、一月中を目途に提訴の準備中である。補助金の名目は運営費であり、裁判費用は出せないと思う。

石垣市：　補助金は活動助成金の名目であり、殆んど旅費に使用されている。裁判の支援については、登記簿謄本等の資料提供は可能と伝えてある。団体方式の話はタブーとなっている。

県：　事業実施の土地が無いと苦慮しているが、ソフト事業として、奨学金制度を立ち上げることも、検討できるのではないか。

嘉手納町：　市町村が事業主体となる部分についても反発している。⑪旧地主が現在も一か所に固まっていれば、コンミュニティの再構築で、納得してもらえるかもしれないが、現嘉手納町民はほとんどが戦後移住してきた方々であり、他の市町村と比べて、地域帰属意識が低い。訴訟については、嘉手納、石垣から各10名ずつで行い、そこで認められれば、残りの前地主全員で、2次訴訟を起こすと言っている。前回訴訟では、全く土地代を貰っていないと言っているが、今回は残り5分の1について訴えるという事で矛盾している。裁判も厳しいのではないかと思う。

石垣市：　補助金を出すのか。

嘉手納町：　上司から検討するように言われているが、確認した範囲では、裁判費用に掛かる費用の支出は難しい。

那覇市：　嘉手納・石垣の地主会は協議会と連携しているのか。

県：　全く別である。那覇地主会は、那覇空港拡張と絡めた主張を

始めている。協議会は団体方式を受け入れるが、別枠予算を主張している。宮古と鏡水は県議会に要請していると聞くが、県もしっかり対応したい。今後とも協力して進めて行きたいのでよろしく。

講評：
① 当初、協議会は県選出の全国会議員、衆参両議院議員を顧問として、戦後処理を求める運動を始めた。その時のエネルギーの凄まじさに、マスコミを始め県民は、惜しみない拍手と、応援のエールを送った。その時の超党派の共同行為無くして、振計への記載は無かった。全国会議員が顧問となる事態は、当時は空前絶後の出来事であった。その後も全国会議員が顧問として活躍する事態に出会ったことは無い。しかし記載を境目に、超党派の議員活動は、休眠状態に入った。その時の様子を理解している、県や市町村の職員は皆無に近い。そして県のこの言言にあるように、国会議員の活動は、各地主会単位の、散発的な動きに変った。しかし県にとっては、議員の訪問が驚きとして、捉えられていることにも、彼らが協議会の苦節の時期に、冷淡に無視した行動を続け、状況の把握すらしていなかったことが、裏付けられるのである。
② 事態の把握ができないまま、別枠要請へと突き進んだ那覇地主会の動きは、虚妄の厄介な活動に映っていたことだろう。那覇地主会の反省点は、戦後処理の政治経済的・社会的・定義に踏み込むことなく、強制収用の実態を所与として、有体物としての土地の代償を、求め続けたことにある。そ

れからすると、慰藉の概念は適用が出来ないのである。その一点だけを捉えると、嘉手納地主会の主張にも、一定の筋が通っているのである。

③ この価格差は偏に土地の実勢価格にある。鏡水がコミュニティセンターを建設する場所は、都市部に有り、加えて最も神聖な、沖縄人の心の拠り所である御嶽、即ち大嶺部落の御嶽移設を要する、難事業が控えていた。

④ 力説している通り、当初は、旧軍飛行場用地問題は、政治決着を試みるための活動であつた。しかし協議会の知恵の出し方は、振計に載せてもらうことぐらいであった。そこから政治的に、戦後処理を考えてもらう戦略であったが、結局はその知恵は稚拙に過ぎた。

⑤ 精神的とは何か。まるで禅問答である。振計の事業であるから、優れて即物的な事業の概念であるはずだ。コロコロと理屈をこねまわして、市町村を翻弄し、それに唯々諾々と従う市町村に、満腔の不満を表する。何故このような会合を、協議会と意図的に持たなかったのか、県の巧緻さが透けて見える。

⑥ フリーライダーの言質に、素直に喜ぶ、那覇市の職員の知性を疑う。連合会と共に行動をして、那覇市を困惑させていた団体が、ある日変節をして、行政の意に従う。この態度の豹変を、模範生扱いするのは、公平を欠く教師の依怙贔屓にも似て醜い。

⑦ この地主会のお粗末さは、事業の当初から市への丸投げにある。コミュニティセンターの案は、既に県側から陰に陽

に提案されていた。それに載せるのに苦労したとはこれいかにである。

⑧ 色の違いに関係なく、鼠を取る猫は、良い猫であるとは至言である。模範生を作りたい那覇市の言動に、歯の浮く羞恥を覚えるのは、筆者のみではあるまい。

⑨ この若い職員は、読谷の旧軍飛行場用地の、返還運動の歴史を全く知らない。数々の解決方法があつた。一つには土地を格安で買えとの、大蔵省時代の担当官僚の提案もあった。まさに夢のような安い価格であったが、時の村長は、無償返還が大義であると退けた。そこから運動の実質的指導者の新たな苦闘が始まる。その延長線上で跡地利用計画が策定された。跡地利用計画が先にあったのではない。

⑩ どこまでこの若い職員は、傍若無人であろう。県もまたこのような記述を、記録に残すとはその知性を疑う。載せるべきではなかった。この職員の誹謗する人物について擁護しておく。この人物こそ半生をなげうって、読谷の地主会の先頭に立ち、地主会サイドから役場を支援してきた人物である。彼は当時の村長の、全面的な意を受けて、ボトムアップの運動を展開したのである。その成果の上にまれに見る、読谷独自の跡地利用計画が成って行ったことを、若い多くの読谷村の職員は勉強すべきである。彼に絶大な信頼を寄せて、地主会運動を支援した村長の、国会議員転出に伴い、彼の業績を矮小化する活動が始まり、それを奇貨としてなり上がっていった人物たちが、地主会や役場の内外を含めて、少なからずいることを見るのは、淋しい限りである。

彼はこの若い職員が評価するようなレベルで、那覇地主会と接触したわけではない。村議やこの職員のような偏見は、糺されなければならない。

⑪ 少し長くなるが、県の見解をここに引用しておく。「取り組み方針および解決方針を踏まえ、内閣府と調整を重ねた結果、平成21年度から、特定地域特別振興事業が実施されることになりました」とあり、「目的」には、旧軍飛行場により、地域社会が分散し、伝統・文化等の進展が阻害された地位の振興・活性化を図るとある。更に続けて事業内容「沖縄特別振興対策事業費」には、旧軍飛行場設置により、地域社会が分散し、伝統・文化等の進展が阻害された特定の地域について、地域社会の再構築に向けた取り組みを支援とある。

これは沖縄県知事公室基地対策課の手になる、パンフレットの内容の一部である。この珍妙な文章の違和感に、気付かない者は、余程の文章音痴であろう。主節の「旧軍飛行場により」に修飾される「地域社会が分散し」、までは事実を叙述しているから許される。しかし更に修飾される「伝統・文化等の進展が阻害された特定の地域」とする必然性を感じないのである。旧軍の土地接収が原因で、地域の伝統・文化が阻害されるとすると、戦後沖縄の広範囲な地域がその範疇に入る。特定事業とわざわざ銘打つ必然性がどこにあるのだろう。嘉手納役場が主張しているように、嘉手納には豊富な防衛省の補助があり、公共施設の充実は、他の市町村の比ではない。だからこそ地主会は個人補償を要求

しているのである。この相反する利益については、県も役場も、そして肝心の地主会も、理論的深耕が必要であった。短絡して訴訟を起こすのは、暴挙以外の何物でも無かろう。

第15回　幹事会議事録の要約と講評「議事録枚数—10ページ」
日時：平成21年5月12日（火）　13：30－15：00
場所：県庁8階第4会議室
出席：県、那覇市、宮古島市、嘉手納町、読谷村、伊江村（石垣市欠席）

県：　1月23日以降の状況報告をする。<u>日付省略</u>。知事と県議会議長に、協議会から、別枠予算の申請があった。鏡水と宮古島市から事業推進の要請があった。県議会の一部議員から質疑があり、予算削除の動きもあったが、市町村の協力で最終的に可決した。補助要綱を策定して、内閣府に補助申請をしたが、鏡水と宮古島市には、1月で国の補助規定により、交付予定となっている。鏡水の副知事へのお礼表敬があった。平成22年度予算にむけ、読谷村と伊江村の要望事業案の調整をしている。旧軍事業でやる理由を整理するように言われているので、対応をお願いする。

次の議題に進む。配付したのは、県議会対応の資料であるので、取り扱いに注意されたい。
協議会から別枠予算を求める陳情、那覇市鏡水と宮古島市の地主会から、早期実現を求める陳情が提出され、審議の結果、継続審議となった。2月議会には、旧地主の慰藉につながる地域振興事業を、特別調整費を活用して解決を図ると答弁している。与野党が対立し

た。

案件は、旧軍飛行場用地問題、泡瀬干潟の埋め立て問題、国頭の林道問題であった。①那覇地主会の意見を踏まえた、別枠予算を求める意見書が合意されていて、一時は野党全てが、県の予算案に反対する動き「これは協議会の別枠予算要求を県が削除したため」があった。しかし、那覇市鏡水や宮古島市の、国庫内示を受けた予算に反対して、県議会として責任が取れるかとの反論があった。知事の懇切な説明に、曲折はあるが、予算否決を求めるという事にはならなかった。②それでも協議会は、従前と同じ内容の、新聞投稿を続けている。野党は引き続き6月議会でも、別枠予算の考えを堅持するようだ。③予算委員会で、特別調整費を使うのは、誰の発案かと質問があった。国か県か市町村かと聞かれたが、それには明確に答えていない。これについては、これまで別枠を含めて、長い時間をかけて検討しており、現実的方法として、選択されたものであると言うのが、県の見解である。

次の議題に進む。3月末に国の補助金交付要綱が決定され、4月には県の補助金交付要綱を制定した。これに基づき、那覇市と宮古島市が申請を行っている。4月17日に国に申請してあるので、5月18日に交付決定がある筈である。那覇市の事業は三年で、事業費全体が936,021千円となっており、多目的コミュニティセンターの建設を行う予定である。宮古島市は事業費全体で498,223千円となっており、三地区のコミュニティセンターと御嶽等の整備である。補助率については9/10を基本的に守っていきたい。

次の議題にうつる。④内閣府は旧軍事業について、旧軍飛行場用地の慰藉でも、補償でもないという立場で、地域振興事業であるとしているが、この事業の特殊性については、相当理解してもらっていると考えている。⑤たとえば通常の振興事業では認めがたい用地費が認められた。旧軍飛行場用地問題の特殊性を理解してもらった結果である。伊江島のフェリーについても、理屈付けが難しいが、他の事業に比較して弾力的に考えてもらえるとの感触がある。

平成23年度事業については、はやく国に見せて感触を得たいので、早めの提出をお願いしたい。ソフト事業でも良い。既に動きだした事業の箱物が出来ると、協議会や個人補償の地主会にも、影響する可能性もある。連絡調整会議では、振計期間内の決着を考えており、平成23年度がラストとなる。

最期に意見交換である。「旧軍飛行場用地問題は」⑥特に戦後処理という事で、不発弾の問題と絡められているが、旧軍問題は最高裁判決があって、国が責任を認めていないが、不発弾は内閣府も責任を認めて、国の責任で対処すると、そういう違いがある。

読谷村：　世界遺産事業で、特別調整費を使ったが、繰り越しができなかった。事業作成スケジュールでは、3月になっているが大丈夫か。

県：　補助金交付要綱にある期限を参考にして、目安を記載してある。

読谷村： 繰り越しが出来ないという事で、用地費も欲しかったが駄目だった。今回那覇市が用地費を認められたとのことだが、読谷の場合は、用地の目途がつかないと、予算も付けないと言う状況であった。

宮古島市： 3つの自治会で、コミュニティセンターの整備事業をするが、各地で盛り上がっている。気になるのは兵舎跡地主会である。宮古病院の跡地の払い下げは厳しいとのことで、地主会から連絡もない。地主が住んでいる、アカガネ地域にコミュニティセンターが無いことから、そういうものを作って、地域貢献する話を進めたい。富名腰自治会は敬老会を前倒しして、現公民館で記念撮影をすると喜んでいる。

那覇市： 鏡水だが今年度は用地取得がある。予定地には個人有地と、⑦大嶺向上会が所有する土地があり、土地購入の不動産鑑定評価の準備をしている。基本設計と実施設計も行う予定である。用地売却者の税対策も進めている。公共事業だから、まるまる控除とはいかないようだ。用地買収交渉は順調とのことである。鏡水に任せてある。

那覇市： 那覇地主会との協議は不調である。従来の主張を繰り返している。⑧地主会からは、なぜ、県・市町村連絡調整会議に、地主会を入れないかとの話があった。那覇空港の拡張に絡めた話もあり、特別枠の話を捨てきれないでいる。

第1章　沖縄県主管課折衝および旧軍問題検討会議の発足

読谷村：　⑨平成22年度と23年度に、ビニールハウスと、平張ハウス　8ヘクタールと、イモゾウムシの被害イモを炭化処理して、畑にすき込むための、バイオマス試験研究施設を9億円の事業を考えている。読谷村では、⑩復帰から始まり、いろいろな国会答弁の動きを踏まえながら、飛行場跡地を国有地として認め、地域振興のために交換するという事でやってきた。土地は将来664名の地主に払い戻すことを考えている。跡地利用計画が178億円くらいの事業になるが、旧軍事業の9億円はそのために重要である。跡地は農業的な活用をすることで、農業生産法人に払い下げて行く計画である。これは慰藉事業ではなく、振興事業でやっていくという事で、跡地利用計画を作り、旧地主にも説明している。

跡地の農業利用で、かつてのコミュニティの繋がりを再生しながら、各学校給食に地元の作物を提供したり、観光施設とも連携していく、農業体験を通した、滞在体験施設との連携もある。ＪＡの拠点施設構想もあり、ファーマーズマーケットとの連携も出てくる。⑪慰藉という概念の事業ではなく、それは心の中に持ってもらえれば良いと思う。慰藉をやりたくてもできない状況は地主も理解している。

県：　内閣府に、農業生産法人を組織して、コミュニティの再生を図ると出したら、もっと具体的に示すように言われた。財務省説明に必要とのニュアンスであった。

読谷村：　ストーリーは出来ている。コミョニティの再構築、地産地消、地域振興に結び付ける。数値面の整理をして、計量的なバックデータを付けてやっていく。過去には黙認耕作が無秩序に行われ

ていたので、旧軍事業を使って芽だしをしていきたい。今は農業が見直されて、安全安心、地産地消という事でやっているので、地域コミュニティの活性化となる。

県：　内閣府から、コミュニティの再生が、同地域の活性化に繋がるのかとの話もあった。

読谷村：　⑫読谷の町づくり自体が、農業的利用を基本としており、沖振計でもそう位置付けられている。都市機能とのバランスを取って、観光等の他の産業とも連携する。県の農業計画マスタープランでも、読谷の農住空間、田園空間の位置付けがある。

嘉手納町：　地主会で闘争しているものは、別の市町村に住んでおり、地主会全体でも、嘉手納居住者は60％である。前回説明通り、コミュニティ施設の整備は全部終わっている。今は話の場にも乗ってこない。

伊江村：　カーフェリーを２隻所有しているが、耐用年数を過ぎて20年が経過している。バリアーフリーへの対応も出来ていない。伊江村も箱物はそこそこ揃っているから、カーフェリーとなった。

県：　8月の国庫要請までに、コミュニティ再生とフェリーの話をうまく整理しないといけないと、内閣府から強く言われている。旧軍飛行場の理屈で急ぎ詰めて行きたい。

第1章　沖縄県主管課折衝および旧軍問題検討会議の発足

石垣市欠席で県から状況説明

訴訟の話が、白保と嘉手納の地主会から出ているが、時期は未定。訴訟費用の請求があるが、活動費の増額は出来ないと回答。解決方針に納得していない地主会にも、引き続き働きかけて行くのが、連絡調整会議の一致した意見であるので、引き続き対応方をお願いする。要望があれは聞きたい。

宮古島市：　兵舎跡地の事業であるが、土地が無い。那覇市のように域内で土地を購入して、コミュニティ施設を造ることは可能か。

県：　那覇市の場合、土地の半分は鏡水であり、隣接する周辺の土地の購入の形をとっている。用地全てとなると難しいかも知れない。本来は地域の施設であり、地域が無償提供するのが基本と言われると難しい。

読谷村：　⑬旧地主が一部協議会と一緒になってやっているが、読谷の地主会の代表ではなく、個人でやっていると捉えてもらいたい。昔の思いを捨てきれず、那覇地主会と一緒にやっている。

県：　今日は何かを取り決めたと言うわけではないが、状況報告と確認であったが、しばらくは幹事会を随時開催して話をしたい。

講評：
　① この時代が協議会に取り、第2の好調期であったのかも知れない。県が告白するように、県議会野党は与党を数で上

回り、協議会のシンパであったことは事実である。しかし結局、別枠予算要求の決議文など、行政のしたたかさの前に、なし崩しに崩壊していく。後は協議会が孤立への道をひた走ることになる。
② 協議会は県の方針を変えるべく、新聞を利用した。かつてこの手法は、民意を動かし、政治家を動かすには有効であった。しかし、連絡調整会議の強固な方針は動かず、多くの地主会が団体方式に傾斜して行った。柳の下に２匹目のドジョウはいなかったのである。
③ 本来、特別調整費は多目的的な活用が期待された。しかし県の誘導によるこの調整費の利用は、やがて固有の旧軍事業のみに適用される、沖縄特別振興対策事業費として結実（？）していくと、前回議事録でコメントした。
④ 政府の態度は一貫して、慰藉ではないと頑なである。地方のシンクタンクが提唱した、慰藉の概念に固執した県も、何時しかその用語を使用しなくなった。一貫性の無さに疑惑があっても当然であろう。
⑤ 旧軍飛行場用地問題の特殊性が認められたと、自画自賛も如何なものか。慰藉から特殊性へと問題解決手法に転換させ、恬然としておれる無定見に、しばし言葉がない。
⑥ 戦後処理について、県は幹事会資料として、枚数が14枚に及ぶ詳細な報告を提示している。それは主に、調査報告書を参照した形で要約してあるが、要求内容を5タイプに分類してある。県の見解もそれに準じていると思われる。問題にしたいのは、事象を項目ごとに要約して、戦後処理

第1章　沖縄県主管課折衝および旧軍問題検討会議の発足

事例の他府県を含む、包括的な紹介の形式を取っているが、前回の議事録の講評で記述したとおり、定義が無い。我々は戦後処理を定義して、そこから深耕したい意図を持っていた。しかし不発弾処理は戦後処理であり、旧軍問題は同列に並置した記述になっているにも関わらず、戦後処理ではないとする内閣府の主張に、無批判に従う県の態度は、思考の停止以外の何物でもないであろう。

⑦ 前回議事録で講評してある。

⑧ 協議会が常に要求し続けてきた、会議への参画要請である。会議実施要項には、必要なら参考人を呼ぶとあるが、<u>地主会は参考人にさえなれなかった。</u>地主会を丁寧に扱っているような言動が、県や市町村から毎回のように発言されているが、それは説得されるべき下部組織として、位置づけられていたのであり、これでは嘉手納や石垣の地主会さえ、抵抗をするのは自然の成り行きであろう。

⑨ ビニールハウス等の農業施設整備事業等が実現している。

⑩ 筆者は等価交換による、広大な土地の返還が実現し、読谷版ミニレコンキスタは完成したと書いた。しかし読谷は強かであった。等価交換は土地取引であり、戦後処理とは別問題として、結果的に、9億円余の戦後処理事業を完成させている。

⑪ 読谷も慰藉の概念を見事に捨象している。

⑫ 読谷の跡地利用は、他市町村にはない独特で、次元の高い計画である。筆者は読谷で大きなプロジェクトに参画して、観光産業の発展を期したが、徒労に終わった。しかし、そ

の計画地の一部には、沖縄でも有数のホテルが完成し、地域に貢献している。役所に出入りしている間に、読谷の主要な計画に接する機会があつた。しかしその計画は、東京のあるシンクタンクが専属的にかかわり、実質的な設計者であり、執行の一翼を担い続けている。若い役場スタッフは、その計画の実施に、どれだけ自信を持って関わり合っていけるのであろうか。大いに期待したい。

⑬ 県の議事録の取り方に疑問を感じる。たとえ事実として発言があったとしても、そこは成熟した判断が下されるべきである。そんな中傷誹謗は当然に削除するのが賢明だ。表面的にはそれが事実であっても実態は違う。揣摩憶測は公務員として厳に慎むべきであろう。陋劣な者は陋識にとらわれ、陋見に終始し、醜態を演じるとの識者の話もある。心すべきである。

第16回　幹事会議事録の要約と講評「議事録枚数──12ページ」

日時：平成22年1月28日（木）　13：30 - 14：30
場所：県庁8階 第1会議室
出席：県、那覇市、石垣市、宮古島市、嘉手納町、読谷村、伊江村

県：　特定地域特別振興事業は、振計期間の実施が前提であるため、作業進行に必要な情報共有のため、幹事会を開催した。平成22年度事業については、内閣府と調整し、国庫支出金政府予算案に盛り込んだ。昨年12月末期限の事業案には、いい案が出ていないということで、内閣府との詰めをどうするか考慮中である。

第1章　沖縄県主管課折衝および旧軍問題検討会議の発足

読谷村：　①平成22、23年度事業「読谷村産業連携地域活性化事業」の農業施設整備を行う。　黙認耕作地については裁判中であるが、証人の意見陳述と結審を経て、4月に判決がでる予定である。②相手の主張では、20年以上たてば、自分の土地になると言っているが、日本全国で黙認耕作されている土地は、全て取られることになる。村としては当然勝てると考えている。飛行場の跡地事業では道路整備、学校等の6の事業がある。その中でも県営の土地改良事業があるが、黙認耕作地があって入れず、土地の明け渡しを求めて、7月に仮処分申請を行ったが、年末に却下された。異議申立、準抗告を行いたかったが、県の土地改良予算カットでそれが出来なかった。県道事業は村が事業主体となり、補助を貰って予算執行をしている。土地改良事業は黙認耕作の裁判中であり、県が土地改良をしてくれない。読谷補助飛行場の問題は一つであるので、国、県には、農林や道路局、財務省等が横断的にテーブルを一つにして、予算執行に努めてもらいたい。

那覇市：　鏡水地主会の整地作業が始まっている。次年度から建築工事が開始される。那覇地主会には現在のスキームで、要望するようにお願いしているが、特別調整費との別枠予算の姿勢を崩していない。③要望が500から1000億円の規模で、事業主体は地主会、対象も他の市町村に及ぶ事業を求めている。話は平行線のままである。

宮古島市： 宮古空港の地主会の、2つの地区のコミュニティセンターの、建築工事は着々と進んでいる。腰原地区のコミュニティセンターと御嶽と井戸の事業も順調である。宮古病院跡地の地主会は、払い下げを受けた後に、土地を市の図書館建設に提供しても良いとして、話が進まない。兵舎跡地地主会が新たな事業案を立てられないか、再度当ってみたい。

伊江村： カーフェリー建造が、平成23年度事業で認められ、村民は喜んでいる。順調に進むように期待している。

嘉手納町： 地主会は、未払い代金の支払いと、事実確認を求めて、国を提訴している。訴訟費用に50万円の補助申請があったが、法規等を調べたが公益性が無く、補助金は断っている。その後の連絡はない。

石垣市： 白保の地主会も、嘉手納と一緒に訴訟中である。耕作者から土地の払い下げの申請があるが、旧地主が訴訟中であり、市が入ることはできない。白保の現状である。平得の地主会も、個人補償の主張であるが、訴訟はしないと言っている。団体方式も求めないとしている。政権交代に期待していたが、これまで通りで変わらないなら、地主会の解散も視野に入れるとしている。

県： 政権交代については、事業の見直しや、地方自治体との関係、沖振計の見直し等の看板があったが、結果として特別調整費は、来年度予算では30億円増額した。現在進めている枠組みの中で、旧

第1章　沖縄県主管課折衝および旧軍問題検討会議の発足

軍飛行場用地問題の解決を図っていく。
さて議題一の予定事業の状況についてである。市町村の進捗や意見を聞きたい。

読谷村：　土地改良をしないと、ビニールハウスはできない。敗訴なら土地改良は出来ないという。読谷補助飛行場問題は、内閣府の沖振計に位置付けられた。それに基づき跡地利用計画を策定し、沖縄振興審議会にも報告した。総合事務局の農林担当課長補佐が、出来るとかできないとか、決めるのはどうかと思う。われわれは引き下がれない。総合事務局の担当各部長の会合で話し合ってもらいたい。土地明け渡しの仮処分申請では、現耕作者があり、判決が4月にあるので、却下と裁判所の決定である。

県：　農林水産部は、土地改良事業の、今年度繰り越しはしていないということか。

読谷村：　その通りだ。村の単費で土地改良してでも、旧軍事業は続ける。土地もある。基地対策課に迷惑はかけない。

県：　平成22年度予算はどうなっている。

読谷村：　五千万円ついている。要望予算一億円が、五千万円になった。一ヘクタール分足りない。やらないと言うなら、自分たちでユンボでやると言った。読谷も知事に同行して、農水省大臣政務官にあってお願いした。読谷の国会議員も使った。総合事務局財務部か

ら、沖振計跡地利用計画の中で解決していくから、村に土地を引き渡すとなった。事務局の農水部が、うちは関係ないと言うのは大きな問題だ。大臣と知事が決めたものを、事務方がやるのやらないのとするのは、大きな問題だ。もし接収された土地が帰っていなかったら、663名の地主に土地を渡すことはできない。土地は国有財産法で低廉にでき、沖振法も適用して、2750円に迄下げた。国有地の払い下げの一般競争入札だと、21000円はする場所である。地主が一般競争入札で買うと、300坪を購入単位として3000万円かかる。

地主には無理であり、先ず村が国有財産法を使って保有することにした。公図・公簿がうやむやになっていることもあり、地主も国有地であることを認めて、村に保有を移して、跡地利用計画で戦後処理をやることにしている。④旧軍事業は、10億円で満足している。ある国会議員と県議から、読谷補助飛行場問題解決促進協議会「総合事務局、防衛、読谷村」の議事録をくれとの要求があるが、多忙で未だ渡していない。

県：　農業利用で村が苦労して調整し、最終的に600名の地主に恩恵が行くように、よく考えられた事業だと思う。他の市町村に参考に成れば良い。　次の議題に移りたい。配付資料のスケジュール表であるが、上段はスケジュールが確定した、那覇市から読谷までの平成23年度までの事業であり、下段が嘉手納、那覇地主会、宮古兵舎跡、石垣の平得と白保で事業が未定の地主会である。内閣府は未定の地主会に、何とかしたいと言っている。

現在のスキームに沿って、解決したい意向で、事業案検討の期間を

第1章　沖縄県主管課折衝および旧軍問題検討会議の発足

延ばしてもらった。本来なら、⑤1月から初めて、6月までに詰めて、財務省に提出し、12月末の閣議決定、年を明けての国会決議となる。この予算策定計画に基づいて、期限を3月まで延長するので、事業案提出をお願いしたい。提出状況を見て、年度明けに県・市町村連絡調整会議を開きたい。嘉手納や石垣は、那覇市や宮古島市のようなコミュニティセンターの施設整備を求めていないので、ソフト事業を真剣に考えてみたらどうだろう。　内閣府もそれを考えてもいいと言っている。複数の市町村から、同様のソフト事業案が出たら、県も入って考えることはあり得る。平得には人材育成基金を創って、奨学金を出す事業の話もある。⑥ただ特定地域特別事業としての、理屈がないといけない。
県が独り相撲を取ることはできない。市町村と地主会の共同提案作業に県は協力する。

石垣市：　人材育成事業だと、学校を卒業するまでとなるのだろうが、別のソフトだと平成23年度で終わりということか。

県：　複数年の事業には基金が考えられる。内閣府も、基金も一つのアイデアだと言っている。ソフト事業の話は、未だ幹事会レベルの話であり、連絡調整会議の開催までに、オープンに出来れば良い。

石垣市：　基金にどれだけ入れるのか。ハードと同じ位ならどうにかなる。

県：　対米協「対米請求権協会」は7億位である。それにも理屈を

作らないといけない。必要分の利子を生み出せるのか、取り崩し型ならどうかとかである。

ソフト事業だと、宮古の兵舎跡地主会や平得地主会は、裁判中の地主会と違って、地域に貢献する気持ちになってくれるかも知れない。⑦ただし地主会の子弟のみというわけにはいかないだろう。　旧軍の名を残して、地域が歓迎すれば、それも一つの形だ。

宮古島市：　基金の場合、市町村の毎年の補充の必要があるのか。国の補助だけで出来るのか。

県：　基金は当初に一回作って終わりである。基金を5億だとして、それを最初の基金にして、その後は、県が入れるか、市町村が入れるのかということである。国庫の基金は縛りがあるので、あげっぱなしにはならない。

宮古島市：　対米協の事業では400万円を限度に何か作っていいという事業もあつた。

石垣市：　基金事業をやるにしても、特定の方達が使う基金に、市町村が負担するのは困難だと思う。特定地域に限定せず、市全体を対象とすると出来るかも知れない。

宮古島市：　兵舎跡地主会に、地域のために自治会に貢献をお願いしても、なかなか聞いてもらえない。⑧環境モデル都市の認定を受けているので、メンバーの家に太陽光発電を付ける事業も考えられ

第1章　沖縄県主管課折衝および旧軍問題検討会議の発足

る。売電も出来る。

県：　個人住宅だと個人補償になる。

伊江村：　伊江村の事業名称は固定されているのか。

県：　そうである。伊江島フェリー建造事業として、政府予算案に盛り込まれている。
県と市町村が一体となって、情報交換を進めて行くと、地主会も苦労は分かってもらえると思う。本日は有難うございました。

講評：
① 前回の会議録で紹介されているので、事業内容は省略した。
② 民法の、所有者不在土地の条項を適用して、提訴したようだが、その無知さ加減にあきれる。よくぞ提訴できたものである。溺れる者は何とやらであるが、まさにその境地であったのかも知れない。提訴により何がしかの、補償を求める意図があったとしたら、それは少なくても、過去に享受した農耕による、利益を忘れた所業に映る。提訴の度に敗訴した事実がそれを物語る。
③ 那覇地主会の、従来からの主張は、既に誇大妄想の域にあると、映ってしまった。もし地主会が県・市町村連絡協議会に参考人招致され、現実認識を冷徹に要求されていたならば、事業提案はよりリアルなものになっていた。「おひとりさま」は更に転落して、裸の王様に成り下がっていた事

実に、那覇地主会は思いをはせるべきであった。とどのつまり那覇地主会は「苦渋の選択」と称して、沖振計の期限切れのぎりぎりで那覇市の提案を受け入れ、いまわの際で事実上のコミュニティセンターと異ならない、建造物の建設で妥結し、那覇地主会が主導し、協議会活動を各地主会に呼びかけた、「旧軍飛行場用地問題」に関する、十有余年の活動に事実上の終止符を打つことになる。

ここで補足しておきたい。那覇飛行場の変遷小史である。敗北とは悲惨なものである。そこには抒情歌のような哀惜も憐憫もなく、過去の遥か遠い昔に、旧小禄村きっての豊かな半農半漁の村「大嶺」の縁は、もう見るものが無い。現在、那覇空港は、昭和十三年の大嶺郵便飛行場に端を発し、収容された土地を含むその周辺土地は、更なる滑走路として拡張されて、敗戦間際の米軍の他府県攻撃の基地となり、その後に冷戦に備えた核爆弾収納庫機能を併有し、嘉手納に空港機能を集約された時点で、民間の那覇空港に改称された。しかし米空軍の移転後には、すんなりと航空自衛隊が入ってきて、南西方面軍の要となった。過剰な空の便は飽和状態となり、数十年の懸案事項であった、第二滑走路案が具体化されて工事が着工され、近くの瀬長島からは、毎日のように工事進捗が手に取るように分かる。せめてもの慰めは、この第二滑走路が、空港機能を最大限に発揮して、沖縄経済に大きく貢献する予見があることである。帰ってこない故郷大嶺を古老は感慨深く見守り続けて

第1章　沖縄県主管課折衝および旧軍問題検討会議の発足

いる。しかしその大先輩のほとんどが逝った。

④ 旧軍事業は10億円以内とする内示があった。ただし宮古島市の場合にはそれがある地主会で三分割されたが、総計ではこの10億円の範囲に収まっている。

⑤ 我々も行政のこの機能を知ったのは、各方面の関係者に折衝した時点である。それであるからこそ、那覇地主会は次々と諸事業提案をして、別予算につなげようと努力したのである。

⑥ 特別調整金がこの呼称に変っている。何処が本質的に違うのか。それは旧軍事業であるとの理屈付けが要求されて、内閣府もその証明と承認に腐心せざるを得ないからである。土地接収は強制であった。敗戦間際の事務処理が各地で、てんでんばらばらに実施されたことが明らかになっている。もともと旧軍飛行場用地問題を、飛行場用地とは関係ない地主会をも包摂して、強引に旧軍事業として、沖振計の枠に治めるのは無理がある。当初から主張しているように、戦後処理を沖振計に載せたのは、協議会の方便であった。そこから従来の自明の理とされた、数々の戦後処理と一線を画する、新たな戦後処理の方策を、研究してもらう意図があった。だが執行主体の県は、強引に経済問題に平準化してしまった。運動に参加しない、または拒否した地主会も、勝手に包摂して、旧軍飛行場用地の対象にした県の判断に問題があつた。議事録を読みながら、筆者の気分は憂鬱になっていった。沖振計記載の過程での協議会、しかもそれは、事実上、那覇と読谷のみの協働が成し得た成果であつ

たが、それを知ってか知らずか、その後に大きな態度で会議に臨む、市町村の無責任に等しい発言に表象されるように、議論は侃々諤々とあらぬ方角に果てしなく広がっていった。何故にかくまで、問題の解決が長引いたのか。それが県に一端の責任があることを知るものは少ない。それどころか、県はその存在意義を誇示して、会議を指揮する姿に、虚しさと悲しみを覚える。

⑦ 地域振興の事業であるとの方針が、旧地主を対象に提起した、戦後処理を求める旧地主の意向を、いとも簡単に覆している。これでは旧軍事業に絡める必然性はない。県は旧軍の理屈をつけて、事業案を作れと各市町村に強要している。そのこと自体県の理論構成能力に疑問符が付く。補助金さえあげれば、沖縄の民は大人しくなるとの、傲慢な沖縄観を助長しかねない。

⑧ 何度も言う。各市町村は本当の意味での、沖縄の苦渋を、戦後処理を、どのように理解しているのだ。県は戦後処理の一覧表を提示した。その資料を基に何の疑問もなく、戦後処理の概念を植え付けられ、疑問を感じていない。このような発言は軽薄と捉えられても仕方がない。

第17回 幹事会議事録の概要と講評（議事録枚数は2ページ）

日時：平成22年8月18日（水） 14：00－15：00
場所：県庁3階第3会議室
出席：県、那覇市、宮古島市、石垣市、嘉手納町、読谷村、伊江村

第1章　沖縄県主管課折衝および旧軍問題検討会議の発足

県：　特定地域特別振興事業は計画終了後、①3年間は実施できるように、国と調整している。27日の連絡調整会議で、首長の承認を得られるようにしたい。②これはマスコミも入る公開会議である。

読谷村：　報道が先行すると、地主会に不信感を抱かれかねない。調整会議の前に事前説明をしても良いか。「県は調整会議の前に公表しなければ良いとの諒承」

嘉手納町：　他の市町村に移り住んでいる地主が多く、期間延長しても、受け入れることは無いと思う。

石垣市：　地主会は訴訟中であるが、結審する前に、事業を実施することは可能か。「国に確認するが、国からその旨の話もあり、別としても結構と県の諒承」
③県立八重山病院の移設の計画と旧軍事業をからめられるか。「県の見解―旧軍事業は国であり、病院問題は県の事業である。一緒にできない。」

宮古島市：　④期限延長の話は、個人補償要求の地主の、神経を逆なでするかも知れない。
「県の見解―事業実施した地域を見ると地主会の意見も変わるかも知れない」

講評：
　　①　この救済措置により那覇地主会は、所謂、断腸の思いで受

け入れた。前回会議の講評の記述の通りである。
② この期日も評議会には<u>マル秘</u>であり、新聞紙上で、後追いで知ることは虚しかった。
③ 市町村の理解度が果たして、低位にあったのであろうか。会議の度に繰り返し執拗に聞く姿に、むしろ苦悩が滲んでいるように、思えるのである。原因は偏に一覧表の理解度の市町村の温度差である。憶測でなければ良いが、担当者は、地域の特殊性に拘泥するあまり、希望的観測を述べ続けなければならなかった。彼等に対し惻隠の情さえ覚える。
④ この表現にある通り、上記③の記述は、正鵠を得ている感じがする。

第5回　連絡調整会議

日時：平成22年8月27日　16：00－17：00
場所：第一特別会議室　県庁6階
出席：副知事、知事公室長、事務局
　　　各市町村長「代理含む」

要旨

1. 事業化に至っていない5つの地主会に対して、取組方針及び解決指針に基づき、今後とも、現行の振興計画の期間の終了後三年間は、団体方式での合意、事業実施に向けて呼びかけて行く。
2. 条件の整った市町村ごとに、現行の沖縄振興計画期間後であったとしても、平成26年度までは特例として特定地域特別振興事業を実施する。

第1章　沖縄県主管課折衝および旧軍問題検討会議の発足

第18回　幹事会議事録の概要と精査
日時：平成24年2月7日（火）　15：00 - 16：00
場所：県庁3階第3会議室

会議録入手できず。何度も沖縄県知事公室基地対策課に出向き、議事録の提出をお願いしたが拒絶された。那覇市にも同様のお願いをしたが、遂に入手は出来なかった。その拒絶の理由も分からないまま、今日に至っている。この項は割愛せざるを得ない。

第6回　連絡調整会議
日時：平成26年3月28日（金）　15：00 - 16：00
場所：県庁6階第一特別会議室
出席：県、那覇市、石垣市、宮古島市、嘉手納町、読谷村、市伊江村

——議事録なし——

第5節　用語の解説

ここで幾つかの用語の解説が必要になる。
1)　最初に**沖縄振興開発特別措置法**である。
　　昭和46年12月31日　法律第131号が最初の法律である。
第一章　総則　第一条（目的）には次の定義がある。
　　　　この法律は、沖縄の復帰に伴い、沖縄の特殊事情にかんがみ、総合的な沖縄振興開発計画を策定し、及びこれに基づ

く事業を推進する等、特別の措置を講ずることにより、そ
　　　の基礎条件の改善並びに地理的及び自然的特性に即した沖
　　　縄の振興開発を図り、もって住民の生活及び職業の安定並
　　　びに福祉の向上に資することを目的とする。

この法律は第三次までの沖縄振興開発計画の基本となる法律である。読んで字句の通りであるので解釈の必要はあるまい。着目すべきはこの法律の目的は、戦争により灰燼に帰した、沖縄の全ての経済・社会・文化・教育について言及せず、後進性に富んだ乃至は後進性の桎梏に絡め取られた日本の一地域を、国が主導していわゆる他府県並みの水準まで引き上げるとするものである。戦争により灰燼に帰した沖縄への文言が全く無く、いきなり、復帰に伴い振興開発をするとある。為政者の常套手段であるとはいえ、沖縄の特殊性を強調し、更には後進性を印象づける書き方には違和感がある。著者は「はしがき」において沖縄の「異色性」に言及した。

沖縄の異色性は琉球王国の薩摩による征服に端を発し、日本国への併呑によっても色褪せることなく、その琉球または沖縄カラーが特異な色合いを強固にし、更には米軍統治により決定的にその色調を鮮明にした異色性に対する認識が欠如している。識者の間で共通認識として定着した「沖縄の特殊性」とは、沖縄を第二日本人にしないための際立つ特色、つまり異色性を保持したままでの、日本への回帰なのである。民俗学的にも明治期には日本人亜種とされた事実に、沖縄の民は忸怩たる思いをしてきた。基地の過重な押し付けなどを無くし、もうそろそろ沖縄を他府県並みの日本人として扱ってほしいものである。

さて第三次沖縄振計が終了し、次に改定された沖振法が成立する。
沖縄振興特別措置法である。平成27年6月24日　法律47号
第一章　総則　第一条(目的)は、次の通りとなっている。
　　　　　この法律は、沖縄の置かれた特殊な諸事情に鑑み、沖縄振
　　　　興基本方針を策定し、及びこれに基づき策定された沖縄振
　　　　興計画に基づく事業を推進する等特別の措置を講ずること
　　　　により、沖縄の自主性を尊重しつつその総合的な振興を図
　　　　り、もって沖縄の自立的発展に資するとともに、沖縄の豊
　　　　かな住民生活の実現に寄与することを目的とする。
大きな差異は開発の欠落である。30年の開発の実績を踏まえ、開発は一定の成果を見たとの判断の結果である。だがここでも「沖縄の置かれた特殊な諸事情」が明記される。
しかしこの特措法には大きな質的転換がみられる。第二条において「沖縄固有の優れた文化的所産の保存及び活用」が明記される。
以後沖縄から毎年人間国宝が誕生する。これも特別措置であれば、心から喜べるものであろうか。特別措置が期限切れとなった以降も、果たして人間国宝の排出が成るのか疑問無しとしない。

2）　**戦後処理**とはなにか
沖縄に関する文献を渉猟して分かったことがある。戦後処理の定義が存在しないのである。
沖縄の民に取り、沖縄振興そして開発事業は不可欠の課題であった。それは荒廃からの復興であり、その振興である。それは自明としても、旧に服することもまた重要な課題であったはずだ。時代と共に

すべてが変容していく。これも自明である。しかし民の権利も時代と共に消失することは悲しい。あるべき権利も「沖縄の特殊事情」の金科玉条の陰で雲散霧消する。突然振興開発計画に取って付けたような戦後処理の単語が表出する。

第四次沖振計以降に旧軍飛行場用地問題と、不発弾処理と、そして戦争により焼失した地籍の確定事業がある。旧軍問題は戦後処理であると協議会が運動を展開して以来、振興計画は戦後処理もその事業に包含すると明記した。しかしこの単語はどの特措法にも存在しない。突然の表出は何を意味するのか。それについては識者の見解も遂に発表されることは無かった。県土が徹底的に灰燼に帰した沖縄であるからこそ、この言葉の意味の重要性は明瞭に理解されるべきであった。しかしこの単語は旧軍問題の解決には遂に力を発揮することは無かった。振興計画の大義の前では、許すことの出来ない悪しき忌言葉に変質させられたのである。

ここに協議会は留意すべきであった。だが協議会の不幸は続く。協議会は沖縄県における旧軍問題の検討内容や、議事進行に関する情報を入手できなかった。徹底的な情報隠しが協議会の目をくらませた。協議会は沖縄県において何がどう討議され、問題がどこに向かって解決されていくのか、議事の進捗について最後まで徹底した情報管理の前で盲目にされたのである。この件に関しては記事録の検証の段で詳細に論じた。

3） 次に**事業**である。

ここで事業とは振興計画に基づき国・県・市町村が振興計画に基づき一定の事業をすることであり、それは特定地域特別振興事業と称し、それに基づき内閣府が各地主会の存する市町村に一定の金額「特別調整金と称する」を支出して「旧軍飛行場により地域が分散し、伝統・文化等の進展が阻害された地域の振興・活性化を図ることである」とする。いったん国有地となった旧軍用地は返還の意図はない。しかし一定の土地の売買契約成立「それはあくまで国の見解である」から、個人に賠償するのではなく、団体を単位とした一定の事業を約束することで、戦後を処理しようとする考えである。当初われわれはその処理、ある意味での賠償金または補償金が団体に支給されるものと思慮していた。

4） 以下順に**対米請求権方式**である。

だが事情は大きく変貌していく。戦後処理が振興計画に掲載された以上、計画は国の事業であり、県の主導で地主会所在の市町村に特別調整金を支給して、各市町村の策定する固有の事業を策定・達成することとなる。ここでもわれわれの思惑は裏切られることになる。県発注業務の「報告書」を受けて那覇市が地元シンクタンクに発注した戦後処理事業の可能性調査「正式には旧軍那覇飛行場等の用地問題事業可能性調査」報告書に基づき、各地主会は団体一括方式を諦め、団体各地主会事業に転換を余儀なくされたからである。想定を超え、事業主体は地主会ではなく各市町村となる。見事なまでの問題のすり替えが完

成する。

5) 土地は有体物である。
土地は個人の所有物であった。さすれば個人の補償が尊重されなければならない。何故なら土地は最も信頼の出来る客観的存在、民法上の有体物である。

6) 慰藉とは
その補償が心的・精神的・生命危殆的な補償である慰藉に換骨脱退されて異化されることへの不信と怒りが我々に残った。だがわれわれはまたしても大きな過誤に見舞われる。それは最大の悔恨で罪深き深刻な失態である。第4の過誤である。協議会傘下の地主会の想定外の離反が起きた。ここに来てこのセクショナリズムを看破出来ない素人集団の悲哀はまだ続くのである。

7) 経済命令とは
「八重山における経済命令第4号によって戦後の軍政官による土地の売り戻しが行われたこと」である。一定規模以下の資産所有者に対して売り戻しを認めた。3割弱が認められた。従って旧地主間に差が生じた。経済命令第4号を実施するために発した民政府・農務課の文書によると、売り戻しの代金に使うことの出来たのは、凍結された強制貯金である。戦後、凍結した強制貯金を特定者に解除した米軍の不公平な取り扱いは、日本政府により戦後処理として取り上げる余地がある。

第1章　沖縄県主管課折衝および旧軍問題検討会議の発足

「旧軍飛行場用地問題調査・検討　報告書」p11

第6節　幹事会の本質

本節の最後に幹事会について触れておきたい。幹事会は指摘したとおり、調整会議の事務局である。問題点を幾つか指摘しておきたい。先ず幹事会は協議会とは意識的に一定の距離をおき、没交渉を目的とでもするように消極的な接触に終始して来た。われわれは辛うじて県の決算報告書を県資料室において確認する程度の作業しか出来ていない。その資料から各地主会の県との折衝や交渉の進捗状況を断片的に知るのみであった。それでも県は協議会に対して資料の提供を拒み続けたのである。後日判明したことであるが議事録の類は一切地主会には照会しないとする厳格な県指示があり、議事録には麗々しく「取扱注意」が刻印されていた。委細地主会に会議情報の提供はまかりならんとする厳命である。社会学では自発的服従の綱領的先入観の概念が存する。地方乃至は地方行政は唯々諾々と中央政府の指示を甘受するだけではなく、率先垂範中央の意図を組み「これを忖度という」、その意向に添うように地方行政を遂行することにあるとする。これが自発的服従である。戦後何度も指摘されてきたように、憲法92条の地方自治の原則が国と地方の対等性を保障しているにも関わらず、中央集権化する国に地方は江戸時代よろしく恭順しか示し得ていない。地方に行くほど東京との格差は大きく、自主的服従の程度も正比例する。

幹事会の思考の原点は否調整会議のそれも含めて、全てが第四次沖

振計を出発点としている。戦後処理とは沖縄振計の範囲内の問題であり、出発点は振興に資する事業の模索であるとしたのである。その件に関しては後節の「旧那覇飛行場等の用地問題事業可能性調査」─報告書─において触れることとし割愛する。われわれはここに来て新たな苦渋の経験をすることになる。それは戦後処理があくまで振興計画の範疇に有るとする国・地方行政の方針に対し、旧軍問題は基本的には土地問題であるとするわれわれの願望が消し飛んだことである。以後旧軍飛行場問題にわれわれは現実的な対応、所謂苦渋の選択を迫られていく。

第7節　ダイコンの理論

ダイコンは畑から抜き取った時はしっかりと葉がついている。出荷に際してその葉は切り取られて、別の用途に回される。葉のないダイコンはそのまま市場に出回ることもあれば、漬物として加工にされることもある。更には料理されたダイコンは、用途により形も味付けもいろいろに違う。おでんしか知らない子供は、ダイコンとは輪切りにされたおでんの一つのレシピにしか過ぎないと映る。ダイコンは適当に葉っぱをそぎ、輪切りにするか、そのまま市場に出すかで、形や態様や用途が異なる。沖縄問題がまさに大根の加工に似ている。後述するように沖縄問題を論じるときに、識者なる方々は自らの主張を正当化するために、ダイコンの都合の良い部分を切り取って、ダイコンとはかくなるものであると、断じているように見える。

第1章　沖縄県主管課折衝および旧軍問題検討会議の発足

ここで沖縄の特殊性について付言することは、運動史の底流の精神を理解する一助として無駄ではあるまい。一体に沖縄問題の把握の方法には数種類の概念が存する。どの時点を問題として採択するかのメルクマールで時代の解釈が異なっていく。少なくても政治的な概念としては5のカテゴリーが存在する。（1）薩摩征服以前の琉球王国の時代（2）薩摩の制服とその属領の時代（3）明治政府による所謂琉球処分の時代（4）米軍による統治時代（5）日本復帰後の治世である。これは古典的5区分方法である。これがダイコンの用途による都合の良い使い回し理論につながる。この五つのカテゴリーを時には都合よく換骨脱退し、時には必要以上に強調して、己の主張の正当性を証明しようとする。

さてここで注目しなければならないのは、復帰後の沖縄の政治についてである。
沖縄が日本の一部であるとする認識に関し、沖縄側とヤマトの側では大きな認識の差がある。辺野古の基地建設を例に取ると容易に理解できる。基本は橋本・モンデール会談である。この認識に大きな相違がある。一部の日本国の知性人は、外交の取り決めであるから沖縄は辺野古基地建設を容認せよ。沖縄の民が反対することは国際協定違反と尤もらしいご意見である。だが沖縄の反対には戦後の基地過重負担が、四百年前から継続する被虐の歴史に繋がる沖縄への蔑視であり、構造的差別と映る。ヤマトの知識人はそれを看過する。

現実の問題として日本領土に併呑された明治期から、沖縄は奇妙な

人類学的差別と歴史的偏見に苛まれてきた。某帝大教授「今の東大」は琉球人が限りなく日本人に近い亜種と断じ、言語も日本語の亜種としてきた。現在の科学的研究からは笑止千万・滑稽の極みであるが、しかしその影響は計り知れなかった。帝国政府は沖縄県に大学設置を認めず、高等学校すら容認せず、また明治期の大方針である殖産興業の対象からしっかりと除外した。1950年にマッカーサー元帥が琉球大学を設立した事実と比較しても沖縄差別を感じる。
琉球民政府は特別の奨学金制度を制定し、沖縄の学生の米国留学を奨励し、復帰までには2000名の学生が米国の大学で学んだ。復帰後、彼らはその専門性を発揮する場所を確定できずに、急激なヤマト化の奔流に飲み込まれて静かに時の流れに埋没して行った者や、専門性の二次選択を迫られて本来の専門を発揮できずに不遇をかこっているものも大勢いたことは大きな沖縄的損失であった。それを問題にされたことは一度もない。

沖縄の旧軍問題も、実は大本営による俄に提唱された稚拙で苦し紛れの、昭和18年から19年にかけて計画された島嶼作戦「捷号作戦と称した」に基づく、飛行場設営計画に遠く起因する。それまで沖縄には戦闘を目的とする飛行場「基地」は存在しなかった。これが一つの重要な認識である。日本復帰時の強引な国有地化に対する旧軍飛行場の処理方法に対する反対運動として、戦後処理を求める運動がわれわれの取った行動である。その行動が人類の基本的欲求である安住と安寧の基盤である土地問題であることを、協議会は理論的に証明「指し示すこと」することに失敗した。協議会には歴史学者も政治学者も法律学者も存在しなかった。しかし協議会の問題解

決への情熱は衰えなかった。しかしその理論的貧困は次の悲劇を生んで行くことになる。

第2章

分派の果てに起こるもの

第1節　嘉手納地主会の失敗

平成15年に協議会に激震が走った。第5の深刻で最大の過誤となる。嘉手納地主会が離反したのである。その兆候はある会合での激論に始まる。運動方針に関する方法論と目標が嘉手納対読谷・那覇の構図で決定的な相違が露呈した。嘉手納は最後まで所有権回復を諦めないと強硬に主張したのである。それでは何のための全県的組織の編成であったのか。嘉手納にはプライドがあった。旧軍問題では一日の長が嘉手納にあると信じている。20年になんなんとする裁判の実績がある。たとえ敗訴に終わったにせよ経験・ノウハウと知名度では嘉手納がはるかに二つの地主会を凌駕しているとする自負である。だが嘉手納には同時に致命的な欠陥があった。

自ら額に汗して行動を起こす。世論を喚起して味方に付ける。大衆

行動の2大基本原則の認識が欠如していた。嘉手納の取った提訴方法は土地の売買契約の不完全履行を追及する法律論を主体とする戦略であった。分厚い国の防戦の前に控訴審そして上告審と次々に敗訴して行った。それは飛び道具を有する青年ダビデが巨人のゴリアテに挑戦し勝利したような錯覚に埋没し、純粋法律論の分野でも勝算があると予測した結果であった。

敷衍すると嘉手納はその後も延々と裁判を提訴しそして敗訴して行った。それはスペインのレコンキスタを彷彿とさせる。スペインがムスリムに占領されたのが711年、そしてグラナダ王国の滅亡によりキリスト教圏がイベリア半島を完全に回復したのが1492年であり、レコンキスタ（領土回復乃至は失地回復と多様に訳されているが学術的には再征服とする）の成就に実に781年の期間を要している。本書の執筆が2017年であるからレコンキスタ後のスペインの統治はまだ525年に過ぎない。果たして嘉手納は何時までその戦いを継続するのであろうか。国の旧軍問題の解決認識は第四次沖縄振興計画の終了と共に完結しているのである

第2節　連合会の瓦解

ともあれ嘉手納は新たに幾つかの地主会を糾合して沖縄県旧軍飛行場用地地主会連合会「以下連合会」を結成する。旧小禄飛行場字鏡水権利獲得期成会、旧宮古海軍飛行場用地等問題解決促進地主会、旧日本海軍平得飛行場地主会と旧日本陸軍白保飛行場旧地主会が加

盟して独自の活動を開始したのである。しかし連合会の組織は短期間のうちに瓦解する。ある意味で当然の帰結である。

嘉手納裁判を最大限に熟慮して練り上げ組織したのが協議会である。法律論を注意深く回避し、戦後処理事案として政治的な決着を図る方針を採択し、各地主会相互の承認の上に結成した組織を自ら離脱して、新組織を立ち上げたところで理論的な根拠が薄弱では他の地主会を先導出来る筈もない。最後まで嘉手納と行動を共にしたのが八重山地区の地主会である。平得と白保である。しかしその結果は振興計画の恩恵を享受することなく終わったままだ。連合会の動向については幹事会の議事録にも幾つか反映されているのでそれを参照されたい。

是非確認しておきたい他の地主会について少しく触れておきたい。戦後処理の対象となった地主会は六市町村の九地主会である。那覇に二地主会。宮古に２地主会そして八重山地区に２地主会があり、伊江村、読谷村と嘉手納町の各地主会の合計９地主会である。なお県が飛行場と認定した沖縄県下の飛行場は16もあるが、うち前出の九飛行場が問題解決の俎上に上がったのである。協議会が当初沖縄県知事公室に陳情を展開したころには、担当者は旧軍と指定すると高射砲陣地や特攻基地なども含めてかなりの数になる。それを旧軍に入れなければ公平感を欠くとして旧軍飛行場に限定することに消極的であった。とにかく何らかの理由づけにより問題を回避しようと消極的な言動に終始した。

それが振興計画に登場するや今度は積極的に協議会を回避して、独自の裁量権論理で回転を始めたのである。前述の9地主会を対象地主会と決定すると調整会議と幹事会を組織して問題解決の討議を開始した。その間協議会はどの旧軍飛行場地主会が対象であるのか、どの程度の状況の進捗があるのか委細情報の提供がなく、蚊帳の外におかれたままであった。しかし皮肉にも協議会は定期的に事務担当の基地対策室を訪問し続けたのである。

第3節　伊江島地主会のジレンマ

最期まで協議会を無視して動向が不明であった伊江島地主会に言及しておくのは運動を知るうえで蛇足ではなかろう。伊江島は戦局が逼迫した昭和18年から20年までに小さな飛行場がいくつか建設されたが、米国軍の大艦隊の沖縄到着までに使用されることなく沖縄守備軍の命令で破壊されている。その伊江島に昭和20年4月16日に米軍は上陸を開始し、島は一週間でフラット化した。軍民ともに殲滅に近い状態であった。惨禍を表象するエピソードがある。世界的に著名なジャーナリストのアーニー・パイルの戦死である。第二次大戦における彼の名声は赫赫たるものがあった。彼の伊江島での戦死が無かったならばかくまで殺戮と鉄の暴風は吹かなかったとされる。

まだある。沖縄本島南部の惨劇である。沖縄征討軍の主力は米国陸軍第10軍である。沖縄守備軍を徹底的に沖縄本島南部に追い詰め

た。司令官バクナー中将は終戦も近いある朝部下を伴わず小さな丘の上に立ち、日本軍の動向を探ろうとしていた。最中に日本軍の狙撃兵の銃弾に倒れた。その後の凄まじい殺戮は私が駄弁を弄するまでもなく戦史に明らかである。仇討ちは何も日本の時代劇の専売特許ではない。その原型がシッティング・ブル率いるアメリカインディアン連合軍によるカスター大佐の殺戮である。西部劇の英雄として幾度となくハリウッド映画のテーマとなった。死後彼は将軍となった。彼の死後のインディアンの末路を見ると良く分かる。絶滅の寸前まで虐殺されていく。

戦闘には重層した殺戮の理由が存在する。その一つに仇討があることを銘すべきであろう。伊江島地主会に戻ろう。その悲惨なまでの犠牲の上に飛行場跡地は米軍により占領され使用されてきた。反戦地主が現れた。一人の著名な伊江島の民が立ち、それは沖縄だけではなく広く他府県にまで反戦闘士として喧伝されて著名になった。旧軍飛行場地主会を立ち上げるのに特別の配慮が必要であった。慎重な配慮が協議会や連合会への参加を躊躇わせた。だが皮肉な現象はじきに判明する。旧軍地主会と認定されるや真っ先に県の提唱する解決案を受け入れて行く。それはこの総論の最終節で述べることとする。ともあれ連絡協議会や幹事会のテキストとしての威力を発揮した「報告書」とはいかなるものであるのか、概略とその真の意図に迫ってみたい。

第3章
旧軍飛行場用地問題調査・検討 報告書

「序章　報告書」
報告書とは何か。それは沖縄県の委託を受けたローカル　シンクタンクの作成した旧軍に関する調査報告書である。Ａ４判の188ページからなる唯一の旧軍関係調査書と言っても良い。序章に始まり第1章から第6章までの本論は135ページあり、資料編として巻末に40ページ弱の資料が添えられている。
序章は委託業務の目的とあり、旧軍関係の資料収集と学識経験者による検討・提言を主要業務とする。学識経験者検討会は計4回・半年の期間を費やして実施されたとある。調査方法については過去の戦後処理事案とそれを拘束する諸法規それに旧軍問題の結節点となる嘉手納裁判の内容確認と裁判記録の分析をするとある。

「第一章」
第1章の章名は「資料収集調査」である。ヒアリング・文献収集と

調査が国「防衛省／財務省／国会図書館」県資料・市町村それに過去の統治者であった米国民政府資料などに及び、それら資料等が分析検討されている。この段階で判明した事実が実に奇妙である。散逸資料の総合的な整理が出来ないのである。それほどに資料の全体を俯瞰する十全の調査が行われていない。否、不可能であったとするのが事実であろう。簡潔に言えば目指す目的の資料収集が、凄まじいまでの戦禍に伴う焼失散逸により十全に目的が果たせなかったとするのが自然であろう。その困難な発掘を介してそれなりの作業を継続することは忍耐を要したと思われる。

「第二章」
第2章のタイトルは「旧軍飛行場用地問題の歴史的背景とその後の経過」とある。
明記していないが沖縄決戦の端緒は15年戦争と呼称される満州事変である。真珠湾攻撃の開始と共に始まる日米戦争。中国大陸から東南アジアやフィリピンさらには遠く南半球に迄届く無益な戦争拡大と、赫赫たる大戦果の虚偽報道を続ける凡庸な大本営。ミッドウェー沖海戦の大敗北にともなう数次にわたる防衛線構想の書き換えは脆くも崩壊して行く。

その中で浮上する貧弱な島伝い「捷号」反撃作戦。最重要拠点とされていく南西諸島の帝国陸海両軍による30に近い「この数字は奄美諸島の飛行場を含む」飛行場設営計画がそもそもの旧軍飛行場用地問題の発端となる。飛行航続距離の短い日本の戦闘機の反撃の要衝として南西諸島から台湾に続く島伝いの飛行場設営は、これが精

一杯の止むを得ない計画であった。しかし米空軍のＢ29の飛行能力は当時の日本軍の想像をはるかに凌駕していた。島嶼作戦を嘲笑するようにグァムを発着基地として、眼下の南西諸島の上空を無傷のまま通過し、九州を始め本州の各都市を焼夷弾や重量級の爆弾投下で、日本の徹底的敗北を印象付けた。沖縄の民はベトナム戦争当時、Ｂ52が嘉手納を発着基地として、毎日のように轟音を響かせて離発着する姿を目撃しそして辟易した。その攻撃能力や飛行距離の巨大さはＢ29の比では無かった。Ｂ29の本土攻撃の最中にも、沖縄の民は軍部の命令のまま、防衛隊員としてさらには民間徴用の労務者として、飛行場設営と廃棄を繰り返しながら、報われることなく壮大なエネルギーを無為に費消した。南西諸島の飛行場設営は完全に機能不全と失敗のままに終わった。そして旧軍飛行場問題が戦後処理として残ったのである。

第２章で語られる沖縄戦については本報告書も比較的簡潔に沖縄各地の惨状について記述してあるが、沖縄決戦は沖縄県史を始め諸賢人（？）の沖縄戦後史に百家争鳴を成しているので割愛する。ここまでが第１節の骨子である。

第２節に入る。旧軍用地は米国統治の下で使用と所有の間の混迷が見て取れる。ニミッツ布告に始まり布令布告に基づく所有権認定やその否定。そして四原則貫徹運動に見られる米軍の土地強制接収に対する島ぐるみ闘争と、土地問題は次第に政治問題と化し、遂には復帰運動に昇華して行く。その間に置き去りにされた旧軍飛行場問題は、各地の地主会の散発的な実現不能の単なる陳情運動と見られ

ていた。

全県的な支持を得るには程遠い利己的な欲求として、政府・その他のエスタブリッシュメント特に沖縄土地連合会地主会「以後土地連」には映じていた。各地の地主会は旧軍問題に関し、土地連の一定の理解と庇護の下に活動したようである。しかし協議会の結成以来土地連は協議会傘下の地主会の協力要請を無視し続けた。協議会は終ぞ土地連の軒を潜ることは無かった。それでも一定の評価は得られつつあった。

ともあれ沖縄県下の公図、公簿類の戦時消失により、広大な旧軍用地は国有地として米国軍に管理され、復帰と共にその期日をもって国有地と化してしまった。これが最大の旧軍用地問題の核心である。

ここで第3節に移る。表題は旧軍飛行場用地問題のその後の経過となっている。広大な面積が国有地と登記されて以来、各地の地主会の動きも多様性を有するようになる。先ず嘉手納の裁判闘争である。呼応するように国会論議も散見されるようになる。本報告書では明記は無いが読谷地主会の活発な国会要請が当時の開発庁長官を動かし「沖振法に基づき開発計画が載れば法の運用で－旧軍問題を－処理する」と発言する。本節は一気に年代記風に地主会の動向を含め国会の審議の模様そして協議会の結成と第四次沖振計への旧軍飛行場用地問題の記載を書き上げて行く。次章に移る。

「第三章」
第3章 「法制度等成立の背景とその検討」に入る。
検討項目は1節が臨時資金調整法である。第十条の二に土地の接収の項がある。簡明にすると次のようになる。土地は売買契約に基づき収容し、その金額は強制貯蓄とするとある。これでは事実上の無償買い上げに等しい。それが大きな争点になり、嘉手納裁判でも論争の核心となる。だが国は先島「宮古・八重山」に存する売買契約や貯蓄通帳の存在から契約の成立の正当性を主張し勝利する。この臨時資金調整法の本質は現在の国債の積み増しによる1000兆円の国の負債に関する恐ろしい予兆を感じさせる。国債の負債としての存在は意図的なハイパーインフレにより一瞬にして帳消しにできる。事実戦後のインフレで国の負債は見事に相殺された。

次が戦時補償特別措置法である。補償費にその額に見合う税金を課金すると補償費はオフセットされる。これも政府のウルトラ戦術である。沖縄に関する特殊性を国会で質問した某議員に対しても時の大蔵大臣「後に総理大臣になる」はそんな例外は考えておりませんとにべもない答弁で済ませている。米国占領下の沖縄は日本国に取り補償や損害賠償など思考の埒外にあった。ここまでが第1節と第2節の要約である。

第3節は戦争終結に伴う旧軍用地の日本国内における行政処理である。陸海軍所属の土地はいったん大蔵省に移管・引き継ぎをなし、連合国占有地も含めて食糧増産や民生安定のために原則譲渡することを閣議決定している。更に政府は緊急開拓事業実施要項を発令し、

戦後の最大の農地行政である自作農創設特別措置法も合わせて制定することで食糧増産の国策の推進に邁進する。

だがこれら払い下げに伴う民間の活用ばかりではない。航空基地も含む戦後日本の基地は私有地を含め国有財産となっているものが多く、戦後処理としての軍用地の利用形態は多岐にわたるのが実情である。第3節の末尾に掲載された海軍飛行場用地の一覧表のように全国の軍用地はそれなりの戦後処理が実施され、戦後処理の単語は実態としては沖縄以外には存在しない。

第4節は一転沖縄米軍の関係文書に焦点を当てる。米国海軍軍政府の布告に始まる数々の布令布告そして沖縄民政府「USCAR」文書が沖縄統治を物語る。布告は沖縄の経済活動をいったん停止する。金融機関の業務停止や預貯金の支払い停止その他の財産に関する権利等が規制される。外国財産や日本国有財産等は軍政府の管理下に置かれた。だがことは容易では無かった。先島の土地台帳は存在するが沖縄本島ではそれが無い。この混乱を当時の軍政府の担当官は御し得なかった。
そこから布令布告の制定改廃の混乱を生じ、土地問題もその影響を受ける。解放された旧軍飛行場用地もあれば、逆に軍用地を維持すべく強制収容を実施し、膨張して行く基地もある。その過程の中で旧軍問題は話題となることが無く、軍拡と基地強化の強硬政策の中に埋没して行く。これが復帰後に戦後処理を求める旧軍地主会のバラバラな姿「実態」であった。

「第四章」
第4章　裁判記録の検討と地主会からの検証要請
第1節は嘉手納裁判「正式には嘉手納基地土地所有権確認等訴訟」の顛末の記述である。原告嘉手納地主会は接収された土地の境界が土地登記簿の戦災による消失により、小字ごとに共有地を制定しなおし、それが地主に返還されるべきとした。しかしその主張はいかにも脆弱で説得力に欠ける。登記簿無くして共有地を設定する手法には無理があり、所有権を立証する困難は国がその根拠を証明せよと迫る「悪魔の証明」の論陣の前に敗れる。

この手法だと土地の同一性の問題が疑念を生じるのは当然であり、その証明に失敗したと言わざるを得ない。戦前の法律であれ、戦後の法律であれ、事実認定や立証主義の原則は基本である。形を変えて裁判した20年に近い所有権認定要求は控訴審や上告審でも日の目を見なかった。だからこそ協議会は政治的決着を核とした運動を展開したのであるが、嘉手納地主会には通用しなかった。縷々説明されるシンクタンクの記述を読むにつけ空しさが漂う。

しかし国側にも弱点はあった。土地の売買契約が十全に行われたのではなく、不完全履行の謗りを免れない部分があった。<u>協議会はその点に着目して戦後処理を戦後補償に持っていく論理構成を模索したが果たせなかった。それだけの専門家も洞察力のあるスタッフも欠如していた。</u>協議会は沖縄担当大臣（当時は総務長官と称していた）の発言に上手く乗せられてしまったのである。振興計画に盛り込まれると協議会は県や関係省庁に一定の協議会の提案が検討され

るものと安易に考えていた。しかしわれわれは蚊帳の外で拱手扼腕を余儀なくされ、その間に問題が解決の方向に進み、しかも想定外の内容が深耕していることさえ把握できなかったのである。

第2節は嘉手納・白保地主会からの検証要請となっている。何が何でも国の売買契約とそれに伴う土地収用に欠陥がないかを探る執念は評価するとしても、私法上の売買契約の成立を是認する最高裁の判決を覆すほどの反証は望むべくもなかった。
シンクタンクは11項目に及ぶ両地主会の検証要請事項にことごとく否の結論を提示したのである。ただシンクタンクは沖縄における土地の売買契約と収用方法には一定の無理があり、限りなく強制収用に近いと結論付けている。だがシンクタンクは明言していないが、戦前には強制収用の概念もそれを既定する明確な法律も存在しない。だからこそ裁判の焦点は私法上の売買契約が問題とされたのである。もうこれで十分であろう。

「第五章」
第5章に進む。タイトルは過去の戦後処理事例と旧軍飛行場用地問題である。まず第1節に県内事例が登場する。次に列挙する。

1. 対米請求権。発端は地主による米軍の基地内土地の使用料の請求に始まる。それが突如米軍の土地使用料一括払い案が提案され、俗に言う島ぐるみの反対運動がおこる。
   4原則なるルールが運動のコア思想となる。一括払い反対。適正補償、損害補償そして新規接収反対である。激しい運動は米

軍を動揺させ一括払いは中止となる。引き続き講和前補償が要求され一定の成果を上げる。内容は漁業補償、人身関係補償そして土地関係補償である。土地は戦後収容された土地であり、旧軍用地とは一線を画する。
2. 郵便貯金。凍結された郵便貯金に対する補償として財団法人郵便貯金住宅等事業協会が設立された。3団地、協会760戸の賃貸住宅と関連施設を管理し、その収益を還元するとあるが、成果にははなはだ疑わしいものがある。そしてものの見事にと言うか、案の定というか、協会は解散の憂き目に会う。それが如何なる美辞麗句を並べて解散の正当性を取り繕おうと、協会の戦後処理は失敗であったと断ぜざるを得ない。
3. 対馬丸遭難学童の遺族補償と記念館の建設。遺族には一定の補償金が支払われ、会館の建設と鎮魂の塔の建立そして対馬丸の沈没地点の確認作業等が実施された。筆者の調査では会館運営には現在金銭的苦労を重ねているようである。
4. 八重山地域マラリヤ戦没者慰藉事業。記念館の建設と慰霊碑の建立及び付随事業のみである。金銭的補償は無い。ここに不公平が生じている。対馬丸児童の遺族には金銭の多寡にかかわらず支給があった。対馬丸遭難児童に今上天皇と皇后が痛く心を動かされた。両陛下の御厚情に多謝しつつも、軍命に従った八重山地区の住民に慰藉の補償金の支給が無い政府の処置には、やはり不公平感を感じずにはいられない。

次は県外事例である。シベリア抑留者補償、国債や債券に関する記述であるが、その調査・報告には一定の評価を下すにしても、旧軍問題とは一線を画する問題でもあり割愛する。

第2節は戦後処理事例のまとめとなっている。
2ページの短い要約であるが看過できない議論が展開されている。個人補償、見舞金補償と一括補償である。個人補償は被害実態、権利関係が明白に証明された者に関して行われたとある。見舞金補償には対馬丸学童補償とシベリア抑留者への定額補償として国債が交付された。一括補償は前出の対米請求権補償である。本来なら補償は米国が履行すべき問題である。それを日本政府が肩代わりした。この手法は後年の駐留米軍への思いやり予算へと繋がっていく。但し米国軍はこれを思いやりではなく日本防衛の当然の支出と主張している。はたして正解は何か。因みに資料は少し古いが2011年の予算を検証しよう。米国軍人一人に対する助成金は年間15万ドル、総額71億ドルとなっている。1ドルが105円と換算すると7455億円となる。2017年現在では思いやり予算は9000億円となり、沖縄振興計画の3000億円を3倍も凌駕する数値となっている。最早、何をかや言わんである。
後述するが旧軍問題に割当られた特別調整金は地主会単位で10億円。9地主会で90億円であるが、実支出金は50億円に止まる。米国追従もここに極まれると断定できる。報告書は団体補償については一言の言及もない。旧軍問題は元地権者とその後継者の集団的要求であり、それに一顧さえ与えず他の解決手法へと傾斜する沖縄県や市町村に心底から疑問を呈する。

いよいよ次の章は最終章である。ここに協議会と決定的に相違する見解が展開され、その提言に基づき、しかも振興計画の桎梏に捕縛

されたままで、思考を展開する沖縄県や関係市町村の問題解決への手法と思考方法に、満腔の批判と反対論を展開するものである。

「第六章」
第6章　［旧軍飛行場用地問題の考え方］にうつる。報告書の本論のフィナーレである。第一節　2．「沖縄の特殊事情」が沖縄の旧軍飛行場の特殊性を浮き彫りにする。要点のみを摘出する。

特殊事情その一　地理的条件「日本の攻撃用単葉機の航続距離に関係する―筆者注」から島嶼伝いに作戦遂行のために沖縄各地に多数の飛行場が作られ、個々の飛行場の設営の経過や戦後処理の方法が統一されていなかったこと。

その二　激しい艦砲攻撃による地形のフラット化に伴い、土地の公図公簿の関係書類が官民ともに焼失したこと。

その三　旧軍飛行場は戦勝国米軍の基地として機能し自動的に国有地とされ、戦後間もなく接収された土地の地主権利の承認に伴う大きな不公平感が強まったこと。

その四　長い施政権分離に伴う戦後処理の諸法令が沖縄では施行されなかったこと。

その五　旧軍跡地が返還されずに旧地主以外の者の黙認耕作を許したことなどである。

本節3は［問題の認識］のタイトルになっている。協議会の世論喚起に伴う国会審議や振興計画への旧軍問題の掲載が記されているが、協議会活動の成果を無視した書き方に違和感を覚えざるを得ない。

客観的記述のつもりであろうが、国会審議や第四次沖振計への記載の原因としての協議会活動が全く無視されている書き方に忸怩たる思いを抱く。

本節4では「沖縄における戦後処理事例との比較」となっている。四事例が列挙してあるが既にコメントをしてあるので省略する。

本節　5では解決方法を模索している。先ず問題解決の主体が国にあることを明確にしているが、旧軍地主の特別な犠牲に対する財産補償の可否の判断を避け、国寄りの見解を採用している。第三に嘉手納裁判に触れ、心情に訴える文章で逃げている。つまり地主の被害者意識には同情するものがあり政策的配慮が不可欠としている。

第四　飛行場の設営の時期やその後の経過がバラバラであり、よって統一的処理は現実的ではなく、個々の飛行場に応じた解決を求めるべきとしている。何気ないこの一文がその後の協議会活動を苦しめることになる。換言すると行政側が現実的に解決する手段として、個々の地主会説得と実績作りにお墨付きを与えた一文となるからである。

沖縄県の調整会議第3回の方針を思い起こすと良い。そこには条件の整った市町村から先行的に事業の実施に取り組むと明記している。根拠がこの第四の項目に由来することは明白である。

第2節　「旧軍飛行場用地問題の解決策」で調査報告書の本論は終

了である。

1．では旧地主の所有権獲得の可能性を否定している。根拠は嘉手納裁判である。最大の根拠は軍用地となる土地の売買は民法上の契約であり、強制収用ではないとする国見解への報告書の肯定論である。付加して全国の軍用地収用には強制収容の事例は見つからないとする。政府見解の焼き直しである。

2．では個人補償の可能性を検討している。対米請求権に補償事例を見ることは出来るが、旧軍地主の場合は契約の存在、一部地主の代金受領の事実等各人各様の処理がなされているので、個人補償の適用は無理があるとする。

3．と4．では見舞金、一括補償と団体補償を取りあげているが、見舞金は事例から判断して少額となることが予想され、得策ではないと否定する。<u>一括補償と団体補償が報告書の推薦する最終案</u>である。この案が結局解決案として承認されていくことになる。理由は早期解決に結びつくとする。戦後の半世紀以上の未解決問題を引きずるのは得策ではない。結局この一文が説得力を持つ。

5．において具体的な処理案が提案されている。
（1）では基本方針が示されているが、この項は最重要である。煩雑を厭わず列記する。
　①旧地主に対する慰藉につながることを前提としつつ、地域振興に寄与する事業とすること。
　②旧地主や所在市町村を主体とする法人を設立し、国から補

助金を受け入れ、目的に沿った事業（旧軍慰藉事業）を展開する。
　③この事業は各地主会内の合意を前提とし、将来へ旧軍飛行場問題を持ち越さないものとする。

この３原則とでも呼ぶ報告書の結論に調整会議や幹事会は大きく拘束されていくことになる。その模様は調整会議や幹事会の議事録に詳述されているのでその項に譲る。
なお、（2）の項では考えられる事業として幾つかが列挙され、運営形態も幾つかが提案されているが、那覇市の委託事業である可能性調査報告書に詳しいのでそこで論じることにする。報告書に関するコメントはここで一応の区切りを付けるものとする。

第4章
旧軍那覇飛行場等の用地問題事業可能性調査 報告書について

「序章」
本報告書は前出の旧軍飛行場用地問題調査・検討 報告書と区別するために可能性調査とする。那覇市より上記［報告書］作成者であるローカル シンクタンクに委託され、平成19年3月に上梓・那覇市に提出されている。各地主会へのヒアリングを調査の基本に据え、提出資料等に基づく各地主会の意向を取りまとめた128ページの小冊子である。サイズはＡ４判。調査に臨む方法論は報告書の基本的な思想を引き継いでおり、報告書の意図する事業検証の様相を呈している。序章に始まり第1章から第5章までが本論であり、25ページ程度の参考資料で構成されたコンパクトな報告書である。

まず可能性調査の検証に入る前に幾つかの疑問を提示しておきたい。

「第一章」
第1章は旧軍飛行場用地問題の概要とあり、報告書の復習の観を呈しているので割愛する。

「第二章」
第2章は各地主会の事業に対する意見・要望となっており、対象となる9地主会の調査結果が列挙されている。各地主会の最重要と思われる事業所謂目玉事業のみを取り上げる。那覇市地主会は重粒子線がん治療病院の建設とＰＦＩ方式による那覇市の市庁舎の建て替えを提言している。旧軍用地が賃借であったと仮定すると、ヒアリングの時点までに類似軍用地を参考に軍用地料が500億円前後になると算定される。その数分の1程度の予算で事業を起業するとした。建設の根拠に経済数式を提示して提言を行ったのは那覇地主会のみであった。鏡水地主会は那覇空港に流通センターの建設とその運営主体となること、および自治会館の建設となっている。読谷地主会は道の駅と地主会館の建設。嘉手納地主会は提言を拒否。伊江村地主会は国立老人ホームの建設とフェリーの建造。宮古の地主会は小さな3地主会に別れており、いずれも公民館建設が最重要と位置付けている。八重山の2地主会は提言を拒否。その他の要望については紙数の関係上割愛する。結果論として日の目を見たのは読谷の農業施設「要望とは少し形は変わる」と伊江村のフェリーそして鏡水と宮古の自治会館・公民館の建設が実現した程度に終わる。次の章に移る。

第4章 旧軍那覇飛行場等の用地問題事業可能性調査 報告書について

「第三章」

第3章 事業案の検討の項でわれわれはますます当惑の度を強める文章に遭遇することになる。37ページに次の文言がある。慰藉事業とは「引揚者に対する特別交付金の支給に関する法律」では慰藉のための事業で、特別交付金の支給で対応する事業とある。また「平和記念事業特別基金に関する法律」では、関係者の苦労に対して、慰藉の念を示す事業を行うこととするとある。奇妙なことに慰藉の定義が欠落しているのである。この欠落は報告書も同様である。慰藉とは少なくても広辞苑に拠れば苦しみなどを慰め助けること。慰め労わることとある。法的には損害を金銭で埋め合わせること、または謝罪広告を行うこととある。更に慰謝料とは生命・身体・自由、貞操などを侵害する不法行為によって生じた精神的苦痛に対する損害賠償と書いてあるのだ。有斐閣の法律辞典では慰謝料は精神的損害に対する賠償金のこととある。さらに民法は不法行為について明文の規定で「財産以外の損害」として精神的損害の賠償を認めているが、明文のない債務不履行についても一定の範囲内で解釈上認められているとも書いてある。慰藉及び慰藉事業と旧軍用地問題を関係づけることには基本的な疑念が生じるのである。

土地は民法に拠れば物すなわち有体物である。眼に見える確かな物しかも動かぬ財産である。その土地の喪失に対する沖縄への特別の配慮が慰藉であり、慰藉行為が慰藉事業とする論法には素直に従えない。土地の喪失は嘉手納裁判により明白であるから、地主各位の被害意識に対する慰藉として慰藉事業を提案する。これがシンクタンクの既定する基本概念であり、しかも調整会議や幹事会が唯々

諸々と慰藉事業案を受容した事実に、満腔の疑念を呈すると先述したのは、この安易とも思える慰藉の使用にある。われわれはリンゴを想定したのに、出されたのはシークワサーであったとの感覚的違和感を覚える。何故なら提案した事業案は無残にも廃棄乃至は完全無視され、そして政府の支給する特別交付金の厳しい制約のもとで戦後処理を強制終了させられたからである。

「第四章」
第4章は沖縄本島中部地域・離島地域の事業案の例示となっている。また第5章は那覇市における事業案の提案とある。アットランダムにどのような事業がどの地主会によって提案されたかその他の事業項目として雑記してみる。読谷は道の駅、農地改良事業、市民農園の整備など、伊江島は学生寮、ドーム付野球場、公民館建設、太陽光発電事業など、宮古は御嶽の整備事業、空港資料館、地区公園などである。しかし解決指針の集団方式をいさぎよしとせず、事業提案を拒否した地主会の存在には留意が必要であろう。那覇市では那覇地主会も鏡水地主会も那覇空港の雑多な事業に参画するような提言をしている。また空港拡張計画にも事業参画を要請している。
結論である。これ等の可能性調査の結果は誠に惨めな成果しか勝ち得ていない。シンクタンクの作業には敬意を表するとしても、結局は地主会の要望に対するガス抜き作業の観は否めない。現実の解決方法と乖離する千夜一夜の蜃気楼のような夢物語を語るだけ語らせて、政府及び沖縄県のとった処置は冷酷非情に近い画一的な解決方法であった。

第4編
戦いの後

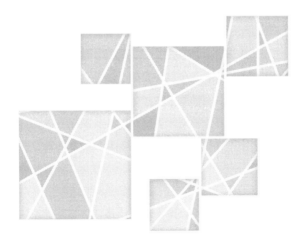

第1章

それぞれの道―戦後処理意識の乖離

第1節　那覇地主会への最後通牒

沖縄県は最後通牒を那覇地主会に突き付けた。第四次沖振計の終了後3年以内の平成26会計年度までに、県の解決3原則を受容しなければ、旧軍飛行場用地問題は終了とすると通告したのである。平成23会計年度即ち四次振計終了までに、所有権回復を主張する嘉手納と白保の両地主会を除く他の地主会は、那覇を除き3原則を受容しそれぞれの解決案で大筋円満解決としたのである。慰藉事業は正式には特定地域特定事業と命名され、地主会の直接統制のとれない市町村管轄事業となり、上限枠10億円の特別調整費の範囲内で事業の完成を見た。伊江島はフェリーの建造、読谷はビニールハウス等の農業施設整備事業、宮古は三地主会が自治会館・公民館そして鏡水が公民館の建設に特別調整金を活用した。那覇地主会は健康増進センターの一部を借用する指定管理者として、沖縄県と那覇市

双方と最終的な合意に至った。

第2節　各地主会の問題解決後の新たな問題

負に落ちない奇妙な解決である。旧軍用地問題解決の戦後処理とは直接に各地主会を対象とせず、市町村管轄事業となり、地域住民に対する地域社会の再構築の取り組みを支援する事業に換骨脱退されてしまった。農業法人を設立した読谷地主会は旧地主への還元事業として関連の事業を開発・発展させる道中にある。自治会・公民館利用の地主会は維持運営費の捻出に悲鳴を上げている。伊江島のフェリー運営は観光事業次第の正念場にある。那覇地主会はまだ健康増進センターの実施設計が承認された道半ばの事業である。

第3節　那覇地主会の訴訟事件

那覇地主会には最近訴訟事件が発生した。地主会の現役員に対するあるグループの分派行動による非難中傷にはじまる騒動と、それに続く議事録等活動経過の無効を主張した裁判沙汰である。ここには悲しいまでの認識の欠如がある。特別調整金の捻出が可能になったのは、沖縄県旧軍飛行場用地問題解決促進協議会の戦後処理を求める運動の結果である。

旧軍飛行場用地問題を戦後処理と認識し沖振計に盛り込んだ。それが是か非かの議論は残るにしても、特別調整金は明白にこの運動の

産物なのである。

この裁判の前には看過できない二つの事件が発生した。一つは那覇地主会内部の造反事件である。もう一つは那覇市字大嶺の任意団体の中心に有り、大嶺人の年中行事や活動を取り仕切る「向上会」なる財団法人の、役職経験者を中心とする大嶺の有力者と称される一群の理不尽なグループによる「旧軍那覇地主会」の乗っ取り画策事件である。不名誉な事件であるので簡略にまとめたい。

その1　地主会一部役員の反乱
筆者は2回那覇地主会の役員を辞任している。第1回目の辞任の後に問題が発生した。当時は未だ地主会の事業の内容が定まらず試行錯誤が続き、幾つかのプロジェクトを地主会事業として那覇市に提案していた。その中の一つとして字大嶺の公民館の建設が浮上したのである。その反乱は平成24年1月28日の会議「名称は第3回ともかぜ振興会理事会議事録」で明瞭になる。一人の代議士の主導で、公民館建設派の意見が力を増しつつあった。しかし当初にはともかぜ会館を建設する既定方針がある。自治会館の主である向上会を巻き込んだ大嶺全体の問題になるのは時間の問題であった。一人の役員の言葉を次に記す。「大嶺の世帯数406世帯の約45.8％が、旧軍飛行場地主会の会員(186世帯)であり、その中の97世帯(大嶺全体の23.9％)がともかぜの会員である。この割合からしても公民館建て替えは地主への還元になる。公民館建て替えに賛成である。ただし、向上会から公民館を造って欲しいとお願いが来ても当然だと思う」

ここから流れは完全に公民館建設に雪崩を打って傾斜する。会長職の一時棚上げ、副会長が代行して向上会と那覇市に交渉に行くことで議事録は〆られている。

しかしことはそれでは終わらなかった。翌月の2月8日の第4回会議で会長の更迭が決議されたのである。翌月3月には地主会の総会がある。そこで正式な更迭となる。その顛末を筆者は知らなかった。読谷地主会長で協議会の副会長を務める、読谷地主会の最大の功労者である筆者の大学の先輩から電話が入り仔細を聞かされた。個性が強く主張を曲げない直情型の会長の奮闘なくして、旧軍問題の一定の解決はなく、彼を辞めさせられない。

またしてもそこに特別調整金がある。眼の前にぶら下がっているのである。だがその背後の協議会役員の血の出るような奮闘が消し飛んでいる。筆者はここ数年の官庁や政党詣での日々を思い出していた。保守党のボスにして初代総務長官、自民党幹事長の某代議士、内閣府副大臣、財務副大臣、財務大臣政務官、沖縄振興局長、財務省理財局長、同次長に課長、内閣府政策統括官、そして何名かの代議士や参院議員と、杵つきバッタのように頭を下げて回った苦節が走馬灯のように浮かぶ。交渉の席にはごく少数の協議会役員しかいなかった。その苦闘を理解する者はほとんどいない。結果の果樹のみしか見えていない。ここはライフワークを賭けた会長に継続させるしかない。幸い総会の焦点が会長の解任決議である。特定の会員とりわけ向上会の会長や三役経験者が出席する。彼等に取り解任は最大の象徴的な事件になる筈であった。筆者は同志を集め対策を立

てた。解任決議阻止のみに総会の議題を集中させる。そして彼の業績なしには旧軍問題の解決は今後とも無い。解任を期待した特定のグループは、筆者のスピーチと同志及び同調する当初からの地主会員の無言の圧力の前に、成す術なく敗退した。必要に食い下がろうとしたものもいたが、当方の主張と説得の前には会員の心を掴むことなく、解任決議は回避された。会長解任派はそれが契機となり役員会を去ることになる。筆者は副会長として暫らく問題の鎮静化を見守ることになった。

その2　向上会元役員の反乱
平成25年12月4日、筆者は那覇地主会の事務局長の辞任届を提出した。平成26会計年度内に期限が設定された、国の特別調整金による旧軍飛行場問題の解決の目途が立ち、残るは那覇市と、ともかぜ会館「那覇地主会が設立した一般社団法人」の建設の協議を残すのみとなったからである。筆者の助っ人の役回りはもうこれで終了との認識からであった。後は若いスタッフが引き継げばよい。そこにも陥穽があった。ともかぜ会館建設の前に再度浮上したのが字大嶺自治会館の建設問題である。それは一度挫折したはずの問題の急浮上であり、この後に及んでの観は否めなかったが、今回は強敵であった。

この一派は大嶺の御嶽を購入し、自治会観を建設したもう一つの那覇市の地主会から多くの情報を得ていた。繰り返しになるがくだんの地主会は、旧軍飛行場問題が振興計画掲載まで手をこまねいて連合会に組みした者たちである。調整金の話が出ると真っ先に連合会を離脱して、自治会館建設に血道を上げた。その地主会のノウハウ

を背景に、一派は向上会三役経験者を中心に、大嶺全体を巻きこんだ騒動を起こすことになる。その理解し難い行動を彼らの資料を基に検証する。

資料Ⅰ　平成25年11月1日
　　　　字大嶺自治会館建設を推進する会
　　　　地主会臨時総会の開催について(通知)
　　　　以下は内容の概略である。
　　　　地主会会長に臨時総会開催を要請したが、応じないので「この名称の会が」総会を開くとなっている。
　　　　議題の一つが「複合案か、字大嶺自治会館建設か」となっており、もう一つが「旧軍飛行場用地問題解決地主会の役員選任について」である。
　　　　注：既に解せない会の名前と議題である。そこには向上会の前には如何なる大嶺人も、ひれ伏すべきであるとの安易な傲慢があるように感じるのは、筆者だけであろうか。

資料2　平成25年11月9日
　　　　平成25年度　旧那覇飛行場用地問題解決地主会　臨時総会
　　　　式次第　　新会長挨拶及び役員紹介。以下省略。
　　　　註：1　通知は「大嶺自治会館建設を推進する会」となっているにも関わらず、いきなり「解決地主会」の総会となっている。体のいい詭弁であり地主会の乗っ取りである。
　　　　2　「地主会」には規約がある。その規約を無視した横暴である。地主会員になるにはまず会費の納入が条件である。

何故なら活動には運動資金がかかるからである。当初は何処からも援助が無く、地主会自身で活動費を捻出しなければならなかった。その苦労をこの一派は理解していない。読谷や嘉手納などは役場から手厚い援助があった。那覇地主会は自らの手弁当で活動を始めたのである。旧軍地主といえども「ウリガンナイミ」「こんな活動が陽の目を見ることは無い」と蔑んだ者が、その軽蔑の眼差しを忘れて、自治会館建設のシュプレヒコールを上げる姿がはたして郷土愛であろうか。仲間意識であろうか。

3 次に採択された運動方針を見ることにする。次のようになっている。

「地主会は、旧日本軍飛行場建設で強制的に接収され、移住を余儀なくされた字大嶺地域の活動拠点整備のため、当地主会の総意である字大嶺自治会館建設を早急に実現することを、ここに決議する。」となっている。この向上会の役員の皆さまはどんな良識、いな常識を有しているのであろうか。そのかけらの臭いさえ感じられない。これを見ても分かる通り、狙いは自治会館の建設である。なぜ彼らは当初から旧軍飛行場問題に取り組むことなく、そこにある新設の制度を地元有力者の権力で奪取する暴挙に出るのか。苦労を重ねてきた現在の地主会を根底から覆す行動に出るのであろうか。

資料3　平成25年11月13日
　　　　事務引き継ぎに付いて（旧会長へ新会長から）

第1章　それぞれの道—戦後処理意識の乖離

この日くつきの総会決議事項を下記に記す
　　　一、全会一致で自治会館建設に決定
　　　二、役員は全会一致で執行部案に決定
　　　三、会則の一部改正も全会一致で決定
よって、今後は新たな役員で要請活動を続けるとなっており、事務（会長印、地主会印）引き継ぎを、スムーズに行うようにとあり、拒めば独自の印章の作成も総会の決議で可能としている。
　註：　ここまで来ると何をかや言わんである。この不名誉極まりない行動が、沖縄における一つの郷土的常識なのであろうか。

この理不尽な要求に至るまでには幾つかの伏線がある。平成25年7月24日付で地主会有志なるもの「実際は向上会の三役」から、那覇市男女参画課長に意見書が提出されている。地主会会長に対し自治会館建設の要求のための総会を、開催するように申し立てているがそれに応じないとする不満である。新たに会長を選出するので、自治会館建設の調整費をその新会長名で要請するのでご配慮いただきたいとするものである。調整費があるから自治会館建設をする。それに会長が反対しているので解任するとの市への直訴である。那覇市は大いに困った。いきなりの横やりに地主会は何度も市と県に呼ばれて事情聴取されている。その事実をこの一派は知らない。そしてその有志名で臨時総会の開催を平成27年8月17日付で地主会会長に文書発送をしている。色よい返事がないので上記一連の騒動の発端となる手続きを取ったとしているのである。野山を切り開い

第4編　戦いの後

て、道なき道をアスファルト道路にした。その担当者がいた。そうしたらその道は既に既成事実であり、そこから物事はスタートする。これまでの担当者は要らない。後から来たものが自分たちの都合の良い目的を造りそれを完成する。この論法が現在の社会には多すぎる。

しかし彼らの主張が通ることは無かった。正当な地主会は何処か。沖縄県も那覇市も冷静であった。地主会はその後に那覇市と協議の後に難産の末、遂に工事完工の目途付けをしたのは既に書いた。ここで問題が完結したかと思えば続きがまだあった。提訴である。
しかしこの訴訟の提起の直接の原因となったのはほかでもない。沖縄県による、前節に述べた戦後処理が地主会対象事業ではなく、地域の市町村の管轄事業となり、<u>地域住民に対する地域社会の再構築の取り組みを</u>支援する事業に換骨脱退されてしまったことに起因する。裁判は1年の期日を要した。そして提訴側は事件を取り下げて決着をみた。だがここに沖縄特有の看過できない思考体系の特徴がある。第4節の妨害行動と第5節に記述したフリーライダー理論を含めて考えてみたい。まずこのグループの理論を紹介しよう。

平成27年5月28日付の大嶺の組織の一つである「向上会」の各位にあてた文章となっており、その提出者は<u>旧那覇飛行場用地問題解決地主会の字大嶺自治会館建て替えを推進する地権者の会</u>と気の遠くなるような長い名称の組織名である。この団体は特別調整金の存在を那覇市のもう一つの地主会から聴取し、その獲得を狙った急ごしらえの団体である。那覇市や県の基地対策課に陳情を繰り返し、

第1章 それぞれの道―戦後処理意識の乖離

両組織を困惑させた。特別調整金は自治会館を建設するために交付されるものであり、それは字大嶺の最高意思機関である向上会の名において、獲得されるべきものであるとしたのである。

彼等に取り旧軍飛行場問題解決の長い道のりを、旧軍那覇飛行場問題解決地主会（以後―解決地主会）の役員を始め会員たちの血の滲む努力の結果獲得した（たとえそれが地主会の十全な意にそぐわないものであったにしても）成果物であり、一つの戦後補償「処理」であることなどどうでもよかったのである。眼前に特別調整金がある。地域の中心は向上会組織であり、それが地域を支えている。調整金受領は我が組織が相応しいとしたのである。そして地主会はその会員構成を初め、資格要件のない団体であると断じ那覇地裁に提訴した。1年に及ぶ彼らの意図は挫折に終わった。完全敗訴である。

しかし彼らはそのままでは引き下がらなかった。裁判費用が向上会から支出された疑いがあり、その取り下げの言い訳が次の文書である。勿論向上会は裁判費用の支出を当然のこととして否認している。事実は闇のままである。勿論筆者も真実については知らないことを付言する。文書は4枚である。鑑文が旧那覇飛行場用地問題の裁判経過と現状について「報告」とあり、裁判の勝ち負けが噂として流されているので真実を告げるとなっている。

3枚の本文を簡潔にすると次のようになる。
訴訟提起の経過、裁判で明らかになったこと、裁判を取り下げた経緯、そして旧地主の総意は字大嶺自治会館建て替えの4項からなっ

ている。説得力のない文章が続いているので要点のみを記す。会員には資格のないものが多いと記す。彼等提訴人20人は無意識のうちに地権者は字大嶺の者のみと想定している。そこには二つの誤謬がある。一つは当時の大嶺には大嶺籍でない者も少なからずいた。彼等は大嶺に一定の土地を有した。当然に主張できる根拠を持つ。もう一つは既に物故したものの関係者である。彼等には先祖の土地所有に対する民法上の権利を持つ。その者たちを提訴者は関係ない者たちと裁判準備書面も認めたとする。県調査報告を根拠にしている。しかし県の調査報告は注意書きをしている。調査対象者は字大嶺の者に限定している。漏れた者がいるかも知れないとの注記である。

また物故したものの縁者は当然ながら県調査の対象外である。「権利や法律関係が成立しないテニスサークルのような同好会を相手に裁判をしても全く意味がない」「ページ2の3行と4行」と解決地主会をこき下ろす。それが取り下げの理由とした。この20名の提訴者も解決地主会のメンバーであった。会活動には全く参加せず、ただ高みの見物をして冷ややかな目を向けていたのみである。それが特別調整金を眼前にして色めき立ち、いきなり受給資格を振りかざして提訴してきたのである。そして自治会館建設の大義名分をスローガンに、既に会員として謙虚に活動を見守ってきた大嶺人を巻き込んだ醜態を演じてしまった。何故それが醜態であるのか。那覇市の処断をみれば分かる。那覇市は健康増進センターの改築に調整金を使用し、別館を建設し、名称を<u>ともかぜ会館</u>として解決地主会の使用を認めたのである。平成30年には建物は完成する。因みに<u>ともかぜ</u>とは解決地主会の一般社団法人名である。

第1章 それぞれの道―戦後処理意識の乖離

本節を占めるに当たり付言したいことがある。受けて立つ那覇地主会は保守派の重鎮にして副知事を務めた某代議士の縁戚者の法律事務所を、裁判代理人に立てた。対して訴訟側は左翼系で沖縄では隠然たる勢力を誇る法律事務所が訴訟代理人となり、常に複数のわかい弁護士集団が裁判に出席した。那覇市字大嶺は自他ともに認める保守の牙城である。琉球政府時代には立法院議長、その後も県議会議員を排出している。その向上会派が何を思って左翼系の法律事務所を利用したのか解せないのである。その事実を多くの善良な向上会会員は知らされていなかった。裁判は勝てば良いのも知れない。白い猫でも黒い猫でも鼠をとる猫は良い猫に違いない。猫が鼠「地主会の乗っ取りと特別調整金」を取りさえすれば、それで目的が達成できると思うのは誠実な姿であろうか。筆者は物事の判断に右翼か左翼かと論ずるのは最も嫌悪すべきと考える。論理的に道理が成立すればそれでよい。しかし地元の政治姿勢や思考方法に逆らう姿には一種の欺瞞性を感じざるを得ない。堂々と保守はその姿勢を堅持すれば良い。下手な権謀術数の操作は惨めな結果を招来するに過ぎないことを銘すべきであろう。中庸とはことほどさように難しい。なぜ人は山に登るのか。そこに山があるからとは至言である。何故人は額に汗した同輩の苦労を斟酌もせずに、己の利欲を主張するのか。そこに金があるからだ。第4節も第5節もその利害の権化のような振舞いの典型例であろう。額に汗した者のみが正当な評価と報酬を得るのは当然である。

第4節　妨害行動

しかしこの基本認識を容認しないグループが存在した。調整金は沖振計の当然の賜物とする考えである。このグループの発想の起点は初めに調整金ありきである。そのグループの一つは連合会に組みし、所有権回復が不可能と知るや離脱して真っ先に調整金獲得に動いた。そして目的を達すると那覇地主会活動をあからさまに妨害する行動に出たのである。那覇市議会での那覇地主会の糾弾に始まり、那覇地主会の反抗グループに加担して裁判を間接的に支持する。執拗とも思えるこの行動の原点にある動機は何であるのか。これは辺野古の基地建設は沖縄の歴史認識が必要であるにも関わらず、橋本・モンデール会談を起点として、沖縄人の外交問題認識の欠如を批判する日本国の擬似知性人の様相に酷似する。一年の裁判闘争を経て反抗グループは裁判を取り下げた。当然の帰結であろう。

筆者はある日新築のなった那覇市のもう一つの自治会館を訪ねてみた。敗戦のどさくさを経た数年後に移設された大嶺部落の御嶽の姿は無く、平坦に地ならしされた御嶽は住宅街の一部と化し、その一角に会館は建っていた。雑木に囲まれた小さな丘を購入し、大嶺各地に散在した大嶺の神々をコンパクトに寄せ集めた大嶺人の宗教的「ヨスガ」は、もうそこには無かった。会館の入り口にはおおきな顕彰碑が立っている。読んで驚いた。そこには旧小禄村出身の代議士の、会館建設への貢献を賛美する文字が躍っていた。特別調整金の獲得はこの代議士の尽力なくしては無かったとしている。またしても調整金ありきである。その調整金を取得するには何も政治家の

第1章　それぞれの道―戦後処理意識の乖離

力を借りなくてよい。政府が該当する地主会に交付することが決定済であり、国家そしてその代弁者である沖縄県の設定する基準さえ満たせば、国会議員の応援なしに交付を受けることが出来る。現に那覇地主会は那覇市との真摯な協議により、ともかぜ会館の完成への工程表を完成している。

だがまたしても看過できない事実に直面する。前出のともかぜ振興会の第3回理事会議事録である。この侃々諤々の荒れた理事会には注目すべき内容が含まれている。ともかぜ会館の建設と共に地主会は隣の豊見城市にホテルやマリン施設の事業を展開したいとした。その為に某代議士の事務所に沖縄振興局の総務会長と豊見城市の企画部長や病院関係者を集め鳩首会議をしている。代議士に依存する手法はもう一つの地主会とその姿が酷似している。ともあれ振興局の総務課長は、平成23年度の10億円の事業は、地主会の総意がまとまらずに停止していると警告した。国には既に一地主会に10億円を限度とした一事業を認可する態度が鮮明であるにも関わらず、地主会は代議士を含めて未だその事実を理解できていない。そして公民館建設を優先事項として地主会長を追い詰めて行く。それが更迭騒ぎに発展した。始めに公民館ありき。次に第二の事業を展開すると、振興計画で国が決定済の「一地主会に一事業」のテーゼを大きく逸脱した夢想を棄てていない。まして旧軍地主会の存在しない隣市に那覇地主会の事業を展開するなど国家の計画にある筈もない。沖縄県の旧軍関係の「幹事会」で夢想屋の那覇地主会と、散々にこきおらされる事態になっていく過程がそこにはある。それについては何度も幹事会の議事録の項で論じてある。

第4編　戦いの後

第5節　フリーライダーの誤算

だが更に悲しい事実が判明した。那覇地主会会長に強引にその辞任を迫り、幾多の圧力をかけ、善意の地主会会員をも巻き込み、タナボタで転がり込んできたと錯覚する特別調整金の簒奪を企み、骨肉の争いを羞恥とも思わない、島国根性の露骨な発揚を正義と錯覚し、真摯に旧軍問題の解決に国や国会そして沖縄の議会等を巡礼にも似た陳情を繰り返し、世論とマスコミを強力な味方として、戦後の歪な沖縄の姿の是正に取り組みたいとしてきた那覇地主会の努力を一気に欠く行為には、これがゲマインシャフトとゲゼルシャフトの混交・融合した沖縄固有の字と称する地域社会を破壊する行為であることに、このグループは理解を示すべきであった。沖縄の共同体の最小単位は字であり、王府の時代にはそれは「ムラ」と呼ばれた。その字を構成する字民はゲゼルシャフトとゲマインシャフトの混交体である。それは長所にも短所にも働く。

一体に社会学ではこの形態は後進性の特徴と規定するが、その指摘は必ずしも当たらない。現実に沖縄の精神構造は学識や出自に係らず、この精神を背負って生きる。この形而下に潜む特殊構造に思いを致さなければ沖縄を理解できない。現実に那覇地主会が創設した一般社団法人「ともかぜ振興会」の第8条「社員の資格」にはこうある。第二項「昭和18年に旧日本海軍小禄飛行場周辺に居住していた下記門中の各所帯主」とあり、門中名が28も挙がっているの

第1章　それぞれの道─戦後処理意識の乖離

である。この門中の所帯主に圧力をかけ、自治会館建設に強引に加担させようとした所謂ムラボスの責任は重大である。同時にこの精神構造を是認しながら、そこからアウフヘーベンする努力も沖縄の民に求められている。この精神構造が理解できたなら字大嶺に起きた一連の騒動も納得が行くであろう。

この反抗グループの妨害活動には公然の秘密があった。その実現が不可能と知るや訴訟を起こし、カルネアデスの板よろしく地主会もろとも海の藻屑と消える作戦であった。平仄を欠く陋劣な瞞着に言葉もない。それだけならまだしも特別調整金の交付の通知と共に、積極的に調整金獲得に動く某地主会の挙動を見るにつけ、何時の世にもあるフリーライダーの存在と打算に暗鬱とした気持ちになる。繰り返すが彼らは協議会の真摯な運動には距離を置き、所有権回復を叫んだ一派である。彼等の露骨な変わり身の早さは、敗戦と共にニミッツ布告に率先して服従した、当時の支配層の精神をそのまま継承している。この特定の支配層は米国軍政府の土地調査に積極的に加担し、土地は旧軍に接収されたと主張する者たちの申請をことごとく排除した。その処置は厳しかった。その事実については旧地主の多くの証言があるにも関わらず、歴史家や学者の指摘がないのは不思議である。

明治期に勃発した杣山事件において、時の勅任知事に抵抗した自由民権運動家・謝花昇の徹底排除に加担したのは琉球旧士族であった。以来滔々と流れるフリーライダーの悪しき習慣は、末裔たちの日本復帰後の補助金・助成金にまみれた地方行政を当然視する風潮に汚

染され続ける。それは痛烈な反省の時期に来ているのではなかろうか。生かさず殺さずの沖縄施策に翻弄され続ける沖縄の民の真の経済的な自立は今後に期待できるのであろうか。フリーライダーは、体制の意向を都合よく己の理論にすり替え、デマゴーグと陰湿な意識下の威嚇による大衆の誘導をその理論的根拠とする。

地域エゴむき出しになった今回の裁判にしろ、その陰の応援団にしろ、地域の活性化を標榜する手法は那覇地主会と表面的には異ならない。むしろ正論は我が方にある畳み掛けてくる。そこに知性の頓挫がある。ジャン・ジャック・ルソーは嘆く。「理性・判断力はゆっくり歩いてくるが、偏見は群れをなして走ってくる」 至言である。偏見の大群衆に恐れをなして正論が白旗を上げるようでは、沖縄が救えるはずがない。ただフリーライダーは今後とも消えることがないことを付言して、断腸の思いを披歴しておくに止める。

現在は世を上げてIT社会であると常識は規定する。コンピューターはIT登載により人智を超え始めた。その提供する情報格差社会は知的・社会的・教育的な歪みを拡大し続け、就中貧富の格差に巨大な影響を示し始めた。そこに何を勘違いして著者は１世紀前の社会学的概念を待ちだしたか、奇異に感じる者がいるであろう。しかしこれこそが沖縄に現存する格差の象徴なのである。ＩＴ社会の進展に背を向けたかに見える地域社会の実態に、分析と新たなる社会変革の提言をアピールすることは肝要でる。蟻の一穴のように崩壊して行く沖縄の社会を見るにつけ、その知的荒廃の悲惨を予見して慄然とする。

第2章
旧軍飛行場の土地問題が提起したもの

第1節　要　約

通観したとおり初期の嘉手納裁判の顛末までの各地主会の活動を第一次所有権回復運動期とし、続く沖縄県旧軍飛行場用地問題解決促進協議会の結成と活動の期間を第二次所有権回復運動期とする。活動の成果を反映した旧軍飛行場問題を戦後処理案件とした国の沖縄振興計画への掲載を契機として発足した、沖縄県の組織した解決促進協議体の具体的活動の期間を第三期と捉え、それぞれの地主会の採択した解決案の顛末を第四活動期と捉える。運動を介して得た成果には一定の評価を下し得るものの、同時に深甚なる悔恨を痛感する。

慙愧の念と共に湧出するほろ苦い寂寥と無力感に心身が埋没して行く。名状し難い喪失感のある戦後処理運動であった。これもまた事実である。沖縄は何故に地上戦を体験しなければならなかったのか。

それは歴史の必然か、それとも一部帝国軍部の戦略なき犠牲の壮大な叙事記録であるのか。沖縄に残る戦後処理案件は今後とも真摯に追及して行かなければならない問題である。何故なら日本国民が二度と戦争をしない、させない積極的責務を背負い続けなければならないからである。戦争があるから戦争遂行に土地を収用する。時代の要請はそれでよかったのかも知れない。だが何時の世においても如何なる戦争も肯定されるべき至高善ではない。

第2節　有体物は慰藉には馴染まない

戦争時に沖縄県人が収用された土地は有体物である。有体物には慰藉の概念はなじまない。それでも旧軍飛行場問題の解決には慰藉と慰藉事業が良策乃至は最善の策とした行政関係者に対し最後まで承服し難い満腔の不満が残る。有体物には補償の概念は必然的に伴う唯一の解決策である。しかも補償は金銭的補償である。これが戦後の土地収用法のコア概念である。戦後の土地収用法と公用地の取得に伴う損失基準要綱にその事実が明記されている。沖縄の土地収用とその後の処置が特殊であれば、その特殊性を戦後の法律に照らして特殊な配慮をするのが戦後処理ではなかったのか。しかしその配慮は欠片も無かった。

国も沖縄県も各地方自治体も土地が有体物である事実に瞑目しただけではなく、強引に慰藉の概念を導入し、しかも旧軍問題の振興計画への記載を奇貨とした経済振興に基づく福利厚生事業に還元してしまった。返還不能の現空港または空軍基地への対処方法と返還可

能な旧軍用地については確かに解決の方法論の違いはあって良い。

第3節　読谷地主会の成果

読谷地主会の返還運動の妙は称賛に価する。解決方法が結果論的に読谷村民に大きな利益を齎した。それは旧軍問題解決運動を長きにわたり地道に展開してきた成果である。要求した75万5000坪の土地は等価交換に基づき返還された。対象とされた土地の3万余坪が国有地となったが、それは返還土地の25分の1の比率である。加えて農業振興施設が振興計画の対象になった。永続使用される那覇空港や嘉手納基地はそれなりの補償が必要である。しかし政府や沖縄県、追随する市町村は特別調整金の事実上の一律支給で戦後処理を強引に終息させた。

第4節　土地は簒奪の歴史である

本編を総括するに当たり土地問題即ち領土問題をスペインのレコンキスタやイスラエルとパレスチナの土地争奪に限定することは片手落ちであろう。ある世界情勢研究グループによる指摘だけでも世界中には30余の紛争地帯がある。現代の風潮として領土問題を民族や宗教にその原因を求める思考が一般的であるが皮相に過ぎる。人類の発生の期限を想起するとよく判る。人類のアフリカ脱出「それこそがエキゾダスであった」以来、生活の場を求めて一定の土地に

定着する傾向が領土の始まりであり、そして緑豊な先住者の土地簒奪の試みが戦争の原型である。土地を死守するための管理機構として発生したのが宗教である。一神教のユダヤ教やイスラム教の起源を見るとそれが良く分かる。人間がいて領土がありそれを管理する制度「原初古代では宗教」があって国家が成立する。初めに土地ありきである。それが現代では形而上学的抽象論に堕して民族や宗教そしてイデオロギーが紛争の原因とする。人間本性の認識誤謬である。地名は省略するがアジア西南地域及び東南アジアやその周辺、中近東、北部アフリカの一部を除くアフリカ全域、オセアニア地域と、地域紛争が世界的規模に拡大して行く過程が21世紀の特色である。

第5節　ディアスポラの仮面

沖縄の土地問題は1950年代の島ぐるみ土地闘争により鮮明になっていくが、それは問題噴出の発火点に過ぎない。沖縄独立論が幻想にすぎないにしても、憲法が保障する地方と国の対等の関係における自治の推進の先兵になることが、沖縄の地に生きなければならない沖縄の民の宿命であるべきだ。それが第二日本人にならないための必要条件である。

協議会発足から僅かに15年の運動に過ぎない旧軍飛行場問題も、その発端と解決への動きは敗戦直後に始まっている。

しかしそこには戦後接収された軍用地の実利を求める経済的欲求が優先事項となり問題の中心とされた。土地とは何か、即ちそれは弱者かつマイノリティの沖縄の民の希望であり、生きる土台であると

する基本命題・認識であることが忘失されてしまった。章末に当たりアフォリズムを発する勇気をご容赦願いたい。その内容とはエスタブリッシュメント「沖縄土地連」の庇護のもとに一連の不在地主が県外に存在する事実のことである。一部左翼思想家による一坪反戦地主運動はここでは排除する。彼ら不在地主はディアスポラの仮面を被り、軍用地料に寄生し「権利の上に胡坐をかき」、間接的に基地容認論に加担する。沖縄の民はどれほど不在地主を把握し理解しているのであろう。それだけではない。この不在地主や手放さざるを得ない不本意な事由をもつ軍用地主をターゲットに、国は軍用地の買い上げに熱心になっている事実を知るべきである。

軍用地としての国所有の土地は毎年その面積を増やしている。

第6節　軍用地料への誤解

なお沖縄県軍用地等地主会連合会「土地連」がエスタブリッシュメントと化した背景には軍用地料の破格の値上げがあった。復帰後間もなく軍用地料が6倍も跳ね上がり、にわか成金となった土地連所属の地主は、不労所得を享受する金銭的中産階級になり上がったのである。その結果土地連の主たる業務は定期的な軍用地料値上げ交渉が主業務となり、新聞紙上をにぎわす協議会の存在は意識的に等閑視された。

心無い中央の似非エリートは沖縄の軍用地主は土地による年収は何千万円にもなる。大金持ちだから基地には出て行って欲しくないの

だなどと見当はずれの主張をする。それに対する土地連会長の反論も腑に落ちない。多くの軍用地主は地代が100万円程度の者が60％もいて決して大金持ちではないと応じる。どちらも大事な事実を意図的に隠蔽している。土地は増殖をしない。増殖するのは軍用地料であり、そして一世代から第二、第三世代と分割されていく土地の相続人の増殖である。総量は同じでも地主が増えれば地主一人当たりの土地代が年々減少するのは理の当然である。

似非エリートは事実を歪曲し、土地連会長は前提となる地代受領者の数を歪曲する。変わらぬ土地面積に対し年々幾何級数的に増殖してきた土地代こそ問題の焦点にしなければならない。中央の似非エリートたちは植民地から独立をはたしたアメリカ合衆国が、土地「植民地」の確保を国是とし、資本主義の保護のために、強力な軍隊を世界中に派遣して、ベース　ネイション「基地国家」の建設に、2世紀および飽くなき侵略を繰り返してきた歴史を謙虚に学ぶべきであろう。米国の基地国家の実態を知らずして、辺野古の基地建設の賛成を唱えるのは、真摯な戦争犯罪の反省を排除した戦前回帰を志向する、軍国日本へのいつか来た道の危うさを感じずにはいられない。もうこれで十分だろう。

第7節　真の戦後処理そしてより良い沖縄の建設に向けて

本稿は沖縄における戦後処理の最大の眼目とされた、旧軍飛行場用

第2章　旧軍飛行場の土地問題が提起したもの

地の旧地主による、所有権回復運動の挫折と、方向の転換に関する関係者の真摯な反省であり運動史である。われわれは無知に過ぎた。那覇市の事業である可能性調査の段階でもわれわれは痛恨のミスを犯した。調査がガス抜きの目的であることを喝破できなかったばかりではなく、事業の可能性について論陣を張る作業を怠った。

旧軍問題が現実に振興計画の処理範囲の領域にあったとしても、われわれは学術経験者を糾合して政策学的考察と提言に基づく、求むべき戦後処理の道を新たに開拓するべきであった。繰り返しになるが旧軍問題は優れて土地問題である。民法上の土地売買契約であったとしても、国が是認した契約の不完全履行の謗りを免れぬ以上、戦後の公用地接収法等を斟酌して沖縄の民への公平感を満足させるべきではなかったか。土地収用法の3原則は財産権保障・平等負担・そして生活権保障である。その事実を踏まえ知的集合体を駆使して創発的理論構築を果たせなかった、協議体の未成熟な運動が悔やまれてならない。協議会の運動は政治経済は勿論のこと、思惟的・哲学的乃至は社会学的な意味において先駆的な戦後沖縄の指針の構築の一つの契機でなければならなかった。創発的理論を介したパラダイムシフトを予見させる運動に昇華させることに協議会は失敗した。知的創造における3段論法的技法も、今ではプラグマティズムの米国ではヒューリスティック技法として高度に複雑多岐化している。協議会は一定の知的集団の問題参画「アンガージュマン」を呼びかけるべきであった。政治の後先に来るもの、それは知的集合体の手になる創発的理論の展開でなければならない。

旧軍用地を沖縄における新たな土地問題として、大衆運動を知的理論構築へと発展させる大衆と知的エリート「学者であると評論家であるとを問わない」の共同作業は必要であったことを最後に付言する。

エピローグ　　見果てぬ夢

特別調整金の最終的な正式名称は「特定地域特別振興事業関係補助金」と称する。交付要綱が発布されたが次のように改定されている。
平成21年3月27日　　府沖振第68号　　　発布
平成22年3月24日　　　一部改正
「特定地域特別振興事業関係補助金交付要綱」に基づき、内閣総理大臣は次の4地主会の事業に要する経費に対し、沖縄県に補助金を交付する「第1条　通則」とある。
（1）　鏡水コミュニティセンター整備事業
（2）　宮古島特定地域コミュニティ再構築活性化事業
（3）　伊江島フェリー建造事業
（4）　読谷村産業連携地域活性化事業
　　　読谷村については翌年、より詳細な要綱が公布され、詳細な事業項目が列記された。「内容は略」

続いて第2条において「交付の目的」が各地主会ごとに具体的に記述されている。要綱は雑則を含めて19条からなり、特筆すべきは第3条の「公布の対象及び補助率」である。予算の範囲内で補助金を交付するとあり、第2項で補助率は10分の8以内とするとなっている。この比率は幹事会において文字通り侃々諤々の論議の対象になった。その他の条は要綱に共通の申請手続き、交付決定の通知などの通常の規定であるから省略する。
上記要綱には規定されていないが、この交付金の最終期限は第四次振計の終了期限である平成23年を以って終了するとした。ただし

平成26年までに一括方式・団体方式に同意すれば、26年以降に事業計画がずれ込んでも良いとした。那覇地主会はその措置で救済された形になった。この事実も既に他の章において詳述してある。

旧軍飛行場問題の対象になった地主会は9団体を数える。その解決は次の通りである。
解決した地主会はいずれも一括・団体方式による解決となっている。なお資料は平成23年11月に沖縄県知事公室基地対策課の作成になるパンフレットを使用する。

解決地主会
1　旧小禄飛行場字鏡水権利獲得期成会「那覇市」
　　鏡水コミュニティセンター整備事業　事業費　936,021千円
2　旧那覇飛行場用地問題解決地主会「那覇市」
　　ともかぜ会館　　　事業費：10億円の範囲内で最終調整中
3　旧宮古海軍飛行場用地等問題解決促進地主会
　　コミュニティセンターが3か所　他に御嶽等の整備
　　合計　498,270千円
4　読谷飛行場用地所有権回復地主会
　　ビニールハウス等の農業施設整備事業　合計　941,637千円
5　伊江村旧飛行場用地問題解決地主会
　　バリアフリー対応のカーフェリー建造事業
　　事 業 費　937,500千円
　　総事業費　1,638,000千円

未解決地主会または継続審議地主会
1　旧海軍兵舎跡地地主会（宮古島市）　　用地払い下げの要求
2　嘉手納旧飛行場権獲得期成会　　　　　個人補償の要求
3　旧日本陸軍白保飛行場旧地主会（石垣市）個人補償の要求
4　旧日本海軍平得飛行場地主会（石垣市）　個人補償の要求

旧軍飛行場問題とは何であったのか。繰り返し強調してきたのはそもそもの出だしは、読谷、嘉手納、そして那覇の地主会の結成した協議会に始まる。そこから問題解決の対象組織は広がって行った。協議会の呼びかけに応じなかった地主会、沖縄県の配慮により、問題解決に組み入れられた組織と、想定外の広がりの中で、問題への認識の違いは鮮明になって行った。それは当然の成り行きであった。いたずらに組織の対象を広げた沖縄県の判断にはやはり疑問が残る。戦時下の沖縄では土地の強制収用はなく、正当な売買であるとする大蔵報告が、嘉手納裁判で妥当とされた結果、国も沖縄県も衆参両院の旧軍問題を戦後処理として善処せよとの可決に苦慮した。取ってつけた概念が慰藉であった。慰藉として地主会を懐柔する姿勢にはやはり反対せざるを得ない。仮に慰藉としても土地の大きさに比例した補償は必要であった。しかし内閣府は最後には慰藉の概念すら捨象したことも併記する。沖縄県がこの件に介して豪も釈明せず、それどころか何食わぬ顔をして肯定する鉄面皮に憤りを超えて悲愁のみが残る。

犠牲の大きさ「土地の広狭」に関係なく、一律の乱暴な処置は民事の世界で許される公平な処置であるだろうか。多くの問題を孕みな

がらも旧軍問題の処理はなったと国もその傘下の組織も判断している。納得のいかない地主会はこれからどこへ向かうのか。何度も強調してきたように、琉球諸島の狭隘な土地にしがみついて生きてきた先祖に、われわれは胸を張ってこの解決方法を報告できるのか。精神の彷徨は始まったばかりである。

旧軍飛行場問題の解決機関として、「県・市町村連絡調整会議」が諸施策の決定機関として存在し、その下部の事務執行機関として「幹事会」が存在した。幹事会は平成24年2月7日の第18会会議を持って解散し、連絡調整会議は平成26年3月28日の第6回を持って解散した。連絡調整会議は後に残る問題として、未解決の4地主会の取り扱いに言及している。「今後の進め方について」を最後の指針として「事業化に至っていない4つの地主会に対して、取り組み方針および解決指針に基づき、団体方式での合意、事業実施に向けて呼びかけて行く」とし「事業着手期限を平成29年度までとする」として、10年余の旧軍飛行場問題に対する幕引きを行ったのである。

所有権回復を目的として結成され、現実的解決方法として、沖縄振興計画に記載する運動を展開して、一部の地主会組織の離反と抵抗に遭い、更には沖縄県の恣意的地主会の選定に疑問を感じ、慰藉から地域活性化事業へと戦後補償が変質した代価として交付金なるものが拠出され、遂には地主会への直接の還元も無く、交付金による財産が市町村所有となる処置を戦後処理とした政府の方針の前に、なす術もなく散った沖縄県旧軍飛行場問題解決促進協議会の運動の

終焉は、沖縄の戦後が未処理であるだけではなく、敗戦の残酷な実態が持続していることを裏付けるものであろう。

本書には活動の事実を記載した「活動年表」がない。意識的にそうせざるを得なかった。協議会の事実上の活動は、那覇地主会の会長が協議会の会長になった以後のことであり、それまでの期間は惰眠に近い状態であった。那覇地主会は総会開催の度に、克明に活動年表を発表している。しかしそれを協議会の活動に代替させる事は出来ない。これを見ても協議会とは何であったのか。その将来の分裂を予兆出来て余りある。活動年表のない運動史を書かざるを得なかった心情を理解していただければ幸甚である。

最後に論理の流れを大切にする結果、重複を厭わず同じ事象を繰り返し記述したことを謝し、読者のご容赦を願えれば、これに優れる感謝は無いことを申し添える。なお那覇地主会の「ともかぜ会館」の2020年の完成を期待して、この運動史の記述を終わることにする。

―― 完 ――

あとがきの前に

遠い記憶の昔から甦って来て、筆者を不安にする言葉がある。くり返し押し寄せる波のように、また時には間欠的にやってきて、不規則ながら耳元で囁くように、時にはシュプレヒコールのように、また歌うように、そして檄を飛ばすように、その言葉は耳元を離れない。オキナワン　アイデンティティ。沢山の声が上がった。本を書く者が大勢いた。だがその言葉の意味は何であろうか。現在は平成30年。知事を先頭に沖縄のアイデンティティを叫ぶ者の数は少なくない。だが誰一人として的確な定義をした者はいない。誰一人として説得力のある行動を取った者はいない。精神の危機や飢餓状態に陥るとアイデンティティが鎌首を擡げて来て、人々を刺激と興奮の坩堝に叩き込む。そして残る悲惨なまでの虚無。それが言葉の本質であるのかも知れない。

古代ギリシャで同一性「その訳語も的確ではあるまい」の発見をした哲学者が出現し、早速それに反論する者も現れた。以来アイデンティティは哲学の大きなテーマになった。多くの訳語が出現した。主体性、自己認識、帰属意識等々とその訳語の数も豊富になった。学問の進展と共に現代ではアイデンティティは哲学のみならず社会思想、心理学、社会学、倫理学の重要なテーマとなり、意味も多岐化して使用する者の恣意性により更に分かりにくくなった。

新社会学事典「有斐閣」、最新心理学辞典「平凡社」、哲学・倫理用語辞典「三一書房」、岩波哲学・思想辞典「岩波書店」とジャンルによる定義が試みられている。そもそもは心理学者のＥ．Ｈ　エ

リクソンが哲学用語を精神分析の用語に転用・再定義したのが初まりとされる。今では心理学での使用が主流の観は否めない。にも関わらず沖縄ではそれが沖縄の「何か」への帰属意識として無批判に使用される。そこにこの言葉の限界がある。新渡戸稲造が武士道の造語を発明して以来、武家社会には当然に武士道があったと錯覚する学者やディレッタントは数多い。それに似た現象がこのアィデンティティにも存在するように思える。沖縄は何処から来て何処へ行こうとしているのか。それがまさに問われている時代であり、安易にアイデンティティを叫んでも的外れの観は否めない。

薩摩の侵攻以前の沖縄「琉球」の王政は、薩摩の支配により独自の王国の制度変更を余儀なくされ、封建琉球王国の完成へと半植民地的従属国に形を変え、ひたすら中国との二面外交で王国の体面を保った。明治維新と共に明確に一地方県として地方化を強化され、最貧県としての不名誉な姿を敗戦まで晒し続ける。あの最後の琉球政府主席の「建議書」にも要望されている通り、沖縄の背負った負の遺産は巨大に過ぎ、その精神的・物理的貧窮が、単に異国の支配に単純帰化されることに大いなる疑問を感じる。琉球人には高等教育は必要ないとの国是にも似た屈辱を粗方の沖縄の民は忘却している。戦前の学制での高等学校が存在しないのが唯一沖縄県であった。

日本国の民主化を断行したマッカーサーが、敗戦後5年目にして当時の琉球に大学を設立したことを沖縄の県民でも知る者は少ない。沖縄で知識の本格的な探究が始まったのが、琉大創設期の1950年であり、明治期に沖縄学がある学者によって始まったとされるが、

その潮流も戦後の教育の普及なしにはここまでの隆盛は無かった。この史実を前提に果たして沖縄のアイデンティティとは何であるのか改めて問い直したい。旧軍飛行場問題はこのオキナワ　アイデンティティ探究の心底の内核に潜む、むき出しの土着の思想であると提唱したら、手前味噌の身勝手と揶揄されるであろうか。

土着でなければ一所懸命は成立しない。武士の土地を守るための「イクサ」が戦国日本の姿であった。一所懸命は鎌倉幕府に始まり江戸幕府に継続され、国「ここでは藩」は県へと収斂される。日本国の成立である。しかし日本国は台湾と朝鮮を植民地化し領土の拡大を図った。その延長線上に戦争と関わりのある国内の土地問題が発生した。歴史は継続しているのである。領土問題もこの一所に懸命に縋りつく土着の民がいて初めて成立する。沖縄の心情の理解も無く、売買の確証も無く、戦後に異国の統治から解放され、初めて土地所有を主張する無辜の民の願いは、見事に空中分解してしまったままである。オキナワ　アイデンティティの虚しさを憂えるこの頃である。

最後に一つのエピソードで締めくくる。東大出身の学歴を持ち、県知事を経て国会議員となった、旧保守派の重鎮であった県民葬の某氏は、オキナワ　アイデンティティを「日本国民としてしてなりたくてもなれない心境」と評した。第二日本人の戦後の原型がそこにはある。沖縄の民は今、真の日本人としての地位の確認が迫られているのである。

あとがき

旧軍飛行場用地問題とは結局何であったのか。筆者が優れて土地問題であると規定する時に、参考文献に見るように外国の土地問題は領土の簒奪の歴史であり、その史実を通して旧軍問題に光を当てることにより、当方の理論の検証と妥当性を確認することにあった。常にそしていつの世にも大事な視点とは、対象物やそこにある存在の比較考量の姿勢にある。日本国が敗戦と共に壊滅的打撃を受けた物質的・精神的損失は、米国の先駆的なそこにある存在との比較により実現したものであった。

短兵急に国力の回復を目指した日本国は、イエローモンキーと蔑まれながらも、ひたすらに国力の回復と人心の安定を模索し続けた。しかし米国への追従のあまり、失うものも多かった。日本的な「モノ」の排除、それは明治期において凄まじいまでに日本国を席巻したにもかかわらず、第二の日本的な「モノ」の排除は太平洋戦争の敗北により、明治期以上の荒廃を招いた。自国文化の排除と欧米文化の無批判の受容で、精神の深奥にある筈の日本人の心は羽毛のように軽くなり、時の流れに安易に漂流してきた。100年の大計を計画する知恵も慎重さも無く、国家は10年を区切りとする計画を長期計画とうそぶいて、思考中止の精神的危機に恬然として甘んじ、真の意味での国家の危機については目をそらし続けたままだ。払える筈もない戦争債権を、空前絶後の超インフレにより、一瞬にしてオフセット「相殺」し、戦後の日本は再出発をした。日本国はマイナスからスタートしたとするのが学説であるが、事実上ははるかに良好

なゼロからのスタートであった。

沖縄を犠牲にして日本を救う。この発想はもう日本の全ての知的階層の習い性となり、沖縄人の地位は第二日本人に甘んじたままだ。あの悲鳴にも似た最後の行政主席の手になる「復帰措置に関する建議書」は心ある沖縄人、否、良心的日本人には涙なくしては読めないだろう。建議書は良心的にそして概括的に、全ての不平等は27年の異国支配の結果だとするが、事実はその遥か昔からの累積する日本国による不平等の結果なのである。旧軍飛行場問題に限っても、決定的な証拠もなく一刀両断に土地を簒奪する支配の方法は、同胞に対する心ある処置とは到底思えない。

建議書にはまだ悲劇があった。その建議書は遂に日の眼を見ることは無かった。復帰の前年、「琉球政府主席は11月17日に上京、要請のために国会に到着した時にはすべてが終わっていた―世替わりの記録　復帰対策作業の総括　p48」のである。つまりこの建議書は幻と化した。同時に事務方の空と化した奮闘の記述も痛々しい。以後日本国政府は矢継ぎ早に一の矢・二の矢・三の矢と「沖縄復帰対策要綱」を閣議決定し、それが「沖縄振興開発計画特別措置法」へと結実して行くのである。この大動乱期において旧軍飛行場問題など、歯牙にもかけぬ些末な事件と化して行ったのである。

読谷地主会は不要不急となった軍用地を、長年の闘争の末に、それがたとえ等価交換の方法によったにしても取り返した。伊江島の軍用地も今では不要不急の軍用地と化した。読谷地主会のようなモデ

ルがあるにも関わらず軍用地は戻ってこない。土地に対する執着とレコンキスタの精神が見られない。嘉手納地主会の闘争は絶望的だ。そこに浮沈艦沖縄の要衝になる米国空軍の基地があるからだ。那覇地主会の闘争も同類にある。

経済発展に寄与する商業空港のスローガンのもとに、拡張を続ける那覇空港は、今よりも強力な航空自衛隊の基地になることも厳然とした事実である。帰ってこない郷里。そこに単なる感傷は禁物だ。宮古や八重山においても旧軍用地の国有地名義の大義名分は動かない。嘉手納や那覇そして他の地主会に、何故換地の技術は働かないのだろう。琉球王の尚家から取り上げて国有地となった広大な北部山林を始め、国は多くの国有地を有する。救済の手段はあったはずである。もし沖縄の民が他府県人と同等の日本国の国民であればの話であるが。昨今沖縄の過重な基地負担は、全て日本国の配慮であると米国の元官僚は話す。殆んど異口同音にである。基地あるがゆえに旧軍用地は典型的な国の財産となった。

旧軍飛行場問題を沖縄振興計画に記載する運動を展開したことは間違いだとは思わない。しかし計画策定が一方的に国の権限であり、実施は沖縄県の所管であるとし、解決には国の提示が最終であり、以後聞く耳は持たないとする手法の前に、なすすべを知らなかった協議会の顛末はある意味で悲惨であった。沖縄県以下関係市町村が旧軍問題を単なる慰藉の問題に還元して、徹頭徹尾慰藉の事務処理の観点から、問題解決に終始したことに強い憤りを覚える。沖縄には戦前のしかも戦争末期までは、那覇に郵便飛行機用の小飛行場し

かなかった事実を忘却し、戦禍を拡大した数々の用益無用の飛行場が、土地売買の正当な手続きの存在の曖昧なまま国有地となった。そこに沖縄式レコンキスタを試みたことは間違いではない。鳴り物入りで最後の最大の戦後処理「筆者はその用語を取らないが」と謳われ、竜頭蛇尾に終わった協議会の活動には戦後の沖縄が象徴されて余りある。沖縄は日本国であるのか。この疑問を提示して「あとがき」とする。

参考文献一覧表

1. 法令関係
1) 緊急開拓事業に関する通牒　開拓事業第三号　農林省開拓局
   通牒は全部で16件、内、参考資料は下記のとおり。
   2) 飛行場利用に関する件(連合国最高司令部司令官)
   3) 農耕に利用すべき元軍用地等国有財産の処理実施に関する件
   4) 開拓委員会官制に関する件
2) 緊急開拓事業実施要領　開拓関係資料第一号　昭和20年11月
   農林省開拓局
3) 大蔵省報告書　「沖縄における旧軍買収地について」
   昭和52年3月17日
   衆院予算委員会提出資料
4) 戦時補償特別措置法　戦時補償特別税　昭和21年10月19日
   法律第38号
5) 沖縄振興開発特別措置法　　制定日は本文に記載
6) 沖縄振興計画特別措置法　　同上

2. 沖縄県関係
1) 沖縄復帰対策要綱要請書　　琉球政府　復対県第6号
   1971年3月11日
2) 復帰措置に関する建議書　　琉球政府　「行政主席」
   昭和46年11月
3) 沖縄における旧軍用地について　　公明党沖縄県本部
   昭和53年6月

4）第三次沖縄振興開発計画
5）第四次沖縄振興計画
6）旧軍飛行場用地問題調査・検討　報告書
　　平成15年度沖縄県受託事業
　　財団法人　南西地域産業活性化センター　平成19年3月
7）旧軍那覇飛行場等の用地問題事業可能性調査
　　報　告　書　平成18年度那覇市受託事業
　　財団法人　南西地域産業活性化センター
8）旧日本軍接収用地調査報告書 「旧日本軍が接収し、現在、国有地として取り扱われている土地の調査報告書」
　　沖縄県総務部総務課　昭和53年3月
9）沖縄の開発を考える「沖縄総合事務局歴代次長に聞く」
　　沖縄建設新聞　平成16年9月28日発行
10）屋良朝苗回顧録　朝日新聞社　昭和52年6月20日　発行
11）土地連50年のあゆみ「Ⅰ及びⅡ」新聞集成編
　　（社）沖縄県軍用地等地主会連合会
12）沖縄21世紀ビジョン計画　　沖縄県　　平成23年11月
13）世替わりの記録—復帰対策作業の総括　　瀬長　浩
　　昭和60年10月20日発行　若夏社

3．旧軍地主会関係
1）読谷飛行場用地所有権回復地主会
　　（1）　読谷飛行場問題解決への道　　読谷村役場
　　　　　1991年7月1日

（2）　読谷飛行場　返還運動の成果　地主会　平成14年1月
　（3）　大蔵省の報告「沖縄における旧軍買収地について」に関する読谷村内関係団体の主張と要請
　　　　読谷村／同議会／同地主会　昭和53年5月8日
　（4）　沖縄読谷飛行場土地買収等に就て(回答)調査第599号回答
　　　　厚生省援護局調査課長殿　元32軍参謀(中佐)神　直道
　（5）　第21回地主会総会及び第24回総会資料
　　　　註：該当項において内容は紹介済
　（6）　地主会だより　平成7年　9月5日　　　同上

2）　嘉手納飛行場権利獲得期成会
　（1）　旧日本軍用地に関する請願書　地主会会長　平成11年
　（2）　新聞掲載声明文　　沖縄タイムス　平成12年7月21日
　（3）　地主会総会資料　　平成11年2月7日
　　　　註：該当項にて紹介済
　（4）　和解勧告書　昭和60年（ネ）第56号
　　　　福岡高裁那覇民事小法定
　（5）　平成3年　（オ）第1294号　「判決」　最高裁第三小法廷
　　　　言渡　平成7年4月25日　　交付　同日
　（6）　嘉手納・白保地主会の旧日本陸軍飛行場用地問題に関する主張
　　　　嘉手納旧飛行場権利獲得期成会　　旧日本陸軍白保飛行場地主会
　（7）　旧飛行場用地　所有権確認訴訟事件　平成11年

「スクラップ　ブック」

3）　旧那覇飛行場所有権回復地主会
　　（1）　日本の空の南玄関　那覇空港　沖縄総合事務局他　1999年
　　（2）　那覇空港　「拡張整備基本調査・報告書」概要版
　　　　　沖縄県　平成12年
　　（3）　大嶺の今昔　　改定第2版　那覇市字大嶺向上会
　　　　　平成20年2月10日
　　（4）　旧那覇飛行場問題の裁判経過と現状について
　　　　　大嶺自治会館建て替えを推進する地権者の会　平成27年

4）　その他
各地主会には多くの随時発行された資料や、各地主会の総会に付随する資料等がある。その資料を選択して掲載するにはあまりにも煩雑である。運動の経過において多くの資料が作成された事実を報告して、地主会の資料編を終わりたい。
しかしここに悔やみみきれない悔恨がある。それは協議会の責任において作成した資料が、各省庁及び地方公共団体への要請文や成果乃至はその結果として、統一された形で、各地主会に照会されていない事実である。そこには協議会の亀裂と不和が予見されるが、当時は協議会の役員はその事実に気付いていなかった。組織は意思疎通の基本を忘失してはならないのである。

4．一般参考書関係

1) 転換期の日本へ「パックス　アメリカーナか、パックス　アジアか」
　　ジョンＷダワー、ガバン・マコーマック／明田川融、吉永ふさこ訳
　　ＮＨＫ出版新書　2014年1月10日　第一刷
2) レコンキスタの歴史　フィリップ・コンラ　有田忠朗訳
　　白水社　2000年1月25日　発行
3) 米軍基地がやってきたこと　デイヴィド・␣ァイン　西村金一監修
　　市中芳江ほか2名訳　　原書房　2016年4月5日　第一刷
4) 21世紀の資本　トマ・ピケティ　　山形浩生、守岡桜他訳
　　みすず書房　2015年1月15日　第7刷
5) メインストリーム「文化とメディアの世界戦争」フレデリック・マルテル
　　林　はるめ訳　岩波書店　2012年8月29日　第一刷
6) これから始まる新しい経済の教科書
　　ジョゼフ　ステイグリッツ　桐谷知未訳
　　徳間書店　2016年2月29日　第一刷
7) 文明の衝突　サミュエル・ハンチントン
　　鈴木主税訳　集英社　1999年2月28日　第7刷
8) 第三の波　アルビン・トフラー
　　徳山次郎監修　鈴木健二他訳
　　日本放送出版協会　昭和57年1仮説20日　第25刷
9) オリバー・ストーンが語るもう一つのアメリカ史
　　第一巻　熊谷玲美他訳　　第二巻　太田直子他訳
　　第三巻　金子浩他訳　　早川書房　2013年4月15日

初版　「副題は – 語られなかった米国史 – 著者訳」
10）ユーロから始まる世界経済の大崩壊　ジョゼフ・スティグリッツ
峰村利哉訳　徳間書店　2016年9月30日初版
11）わが魂を聖地に埋めよ　「上、下巻」
「アメリカ　インディアン闘争史」
鈴木主税訳　草思社　1974年8月31日　第9刷

― ― ―

上記は翻訳本である。一見旧軍問題とは関係のない書籍が入っているようであるが、筆者の見解と主張を確認するためには、必要な参考書であったことを申し添えておく。以下の日本語版も然り。しかし沖縄県史を始め、輩出する多くの沖縄関係書については、上記の理由から極力参考資料から外してあることも申し添えておく。

12）占領と民主主義　「昭和の歴史　第八巻」神田之人著
小学館ライブラリー　1994年10月20日　新装版　第一巻
13）戦後日本の形成と発展「占領と改革の比較研究」　皆村武一著
日本経済評論社　1995年10月20日　第一刷
14）日本占領史　（1945年 – 1952年）「東京・ワシントン・沖縄」
福永文雄著　中央新書　2014年12月20日発行
15）昭和史の事典　佐々木　隆爾編　東京堂出版　1995年6月20日
出版　占領と改革
16）占領と改革　シリーズ 日本近代史⑦　雨宮昭一　岩波新書
2008年1月22日
17）パレスチナ　新版　広河隆一著　岩波新書

2002年5月10日　第一刷
18）イスラエル　臼杵陽著　岩波新書　2009年4月21日第一刷
19）アメリカの20世紀　（上下巻）　有賀夏妃　中公新書
　　2002年10月15日発行
20）戦後経済史「私たちは何処で間違えたか」　野口悠紀夫著
　　東洋経済新聞社　2015年6月22日　第二刷
21）現代社会学のエッセンス「社会学理論の歴史と展開」－改訂版－
　　新明正道
　　鈴木幸壽監修　ペリカン社　1996年6月30日　改定第一刷
22）「沖縄」基地問題を知る辞典　前田哲男、林博史他編
　　吉川弘文館　2013年2月20日　第一刷
23）終わらない占領「対米自立と日米安保見直しを提言する」
　　孫崎亨、木村朗編
　　法律文化社　2013年6月20日　初版第一刷
24）日本史年表　増補五版　東京学芸大学日本史研究会　東京堂出版
　　2014年3月28日　増補五版第一刷
25）沖縄の開発を考える「沖縄総合事務局歴代次長に聞く」
　　沖縄建設新聞　平成16年9月28日発行
26）21世紀の格差「こうすれば、日本は甦る」　高橋琢磨著
　　WAVE出版　2015年7月21日　第一版
27）用地買収と補償（第三版）　小高剛著　有斐閣選書3
　　2001年5月30日　第三版第一刷
28）判例概説　土地収用法　行政事件訴訟実務研究会編　ぎょうせい
　　平成12年4月20日

29）持続と変容の沖縄社会 「沖縄的なるものの存在」
谷富雄、安藤由美他編著
ミネルバァ書房 2014年5月18日 初版
30）敗戦・沖縄・天皇「尖閣衝突の遠景」矢吹晋著 花伝社
2014年8月26日 初版
31）沖縄の自立と日本 「復帰」40年の問いかけ
大田昌秀・新川明・稲嶺恵一・新崎盛暉共著
岩波書店 2013年8月9日 第一刷
32）この国は何処で間違えたか「沖縄と福島から見えた日本」
内田樹、小熊英二、開沼博他
德間書店 2012年11月30日 第一刷
33）沖縄の不都合な真実 大久保潤、篠原章 新潮社
2015年2月20日 第四刷
34）沖縄ノート 大江健三郎 岩波書店 1995年4月5日 第38刷
35）沖縄の米軍基地 「県外移設を考える」 高橋哲哉
集英社新書 2015年6月00日
36）沖縄県・渡嘉敷島 「集団自決の真実」
日本軍の住民自決命令は無かった
曽野綾子 WAC 2997年11月29日 第一刷
37）平成史 小熊英二編著 貴戸理恵他四名 河出書房新書
2012年10月31日 初版発行

上田宗政（うえだ　そうせい）

1941年（昭和16年）台湾基隆市生まれ。64年、琉球大学文理学部英文学科卒業。69年、オハイオ大学大学院ＭＡ（文学修士）卒業。レジュメイ「職歴」　高校英語教師、在沖米軍民間人事局、石油精製会社等へ勤務。99年より旧軍飛行場用地問題の解決に取り組み、沖縄県旧軍飛行場用地問題解決促進協議会事務局長及び旧軍那覇地主会の事務局長等を兼務。2015年、那覇地主会の解決条件受容と共に2015年に辞任。

沖縄最大の戦後処理
旧軍飛行場用地問題　運動の軌跡

2018年6月3日初版第1刷発行

著　者　上田宗政

発行所　新星出版株式会社
　　　　〒900-0001
　　　　沖縄県那覇市港町2-16-1
　　　　電　話（098）866-0741
　　　　FAX（098）863-4850

印刷所　新星出版株式会社

Ⓒ Sosei Ueda　2018 Printed in Japan
ISBN978-4-909366-11-5
定価はカバーに表示してあります。
落丁・乱丁の場合はお取り替えいたします。